Gas Phase Molecular Absorption Spectrometry
and Its Application

气相分子吸收光谱法及应用

臧平安　郝俊　著

U0194661

化学工业出版社
·北京·

内容简介

本书在概述气相分子吸收光谱法的发展历史、方法原理基础上，详细介绍了气相分子吸收光谱的定性定量分析方法，气相分子吸收光谱仪器的结构、部件、性能、使用与维护，以及气相分子吸收光谱法在水质分析中测定亚硝酸盐氮、硝酸盐氮、氨氮、凯氏氮、总氮、硫化物、亚硫酸盐、氰化物等的应用。书中提出了能够准确校准单色器波长的方法，提出空心阴极灯的三维聚焦法，并将气相分子吸收光谱法与经典国标方法进行了对比分析。

本书总结了作者 1986 年至今从事气相分子吸收光谱方法和仪器研发的经验，突出实用性，可供各环境监测站、第三方检测机构、企业实验室等的实验技术人员，高等院校和职业院校分析化学、分析检验技术等专业的师生参考阅读。

图书在版编目（CIP）数据

气相分子吸收光谱法及应用/臧平安，郝俊著. —
北京：化学工业出版社，2022.11（2024.4 重印）
ISBN 978-7-122-42300-9

Ⅰ.①气… Ⅱ.①臧… ②郝… Ⅲ.①分子光
谱-研究 Ⅳ.①O561.3

中国版本图书馆 CIP 数据核字（2022）第 181219 号

责任编辑：傅聪智　　　　　　　文字编辑：高璟卉
责任校对：田睿涵　　　　　　　装帧设计：刘丽华

出版发行：化学工业出版社（北京市东城区青年湖南街 13 号　邮政编码 100011）
印　　装：北京科印技术咨询服务有限公司数码印刷分部
710mm×1000mm　1/16　印张 12¾　字数 211 千字　　2024 年 4 月北京第 1 版第 2 次印刷

购书咨询：010-64518888　　　　　售后服务：010-64518899
网　　址：http://www.cip.com.cn
凡购买本书，如有缺损质量问题，本社销售中心负责调换。

定　　价：80.00 元　　　　　　　　　　　　　　版权所有　违者必究

序

　　1992 年，中国光谱学会在北戴河举办了原子吸收光谱技术交流会，会议期间臧平安先生向我推荐了他的研究成果——气相分子吸收光谱法测定水中亚硝酸盐氮和硝酸盐氮。会后，我与上海市环境科学研究院的专家来到宝钢，专门考察了气相分子吸收光谱法测定亚硝酸盐氮和硝酸盐氮的使用情况。鉴于该方法的新颖性和有效性，其作为推荐方法编入 2002 年出版的《水和废水监测分析方法》（第四版），在环境监测系统推广。

　　之后，中国环境监测总站、上海市宝山区环境监测站和上海市宝山区卫生防疫站三家单位对该方法进行了严格的方法验证，各项指标都符合要求。为了让该方法造福于整个行业，在与宝钢相关专利负责人的共同努力下，将臧平安先生的两项职务发明向全社会公开，以使其发挥更大的价值。

　　2005 年，经国家环境保护总局科技标准司批准，由中国环境监测总站牵头，在全国范围内选定了 6 个环境监测站进行方法验证，验证结果获得通过。《水质 氨氮的测定 气相分子吸收光谱法》（HJ/T 195—2005）与其他五个基于"气相分子吸收光谱法"的水质分析方法（HJ/T 196—2005 至 HJ/T 200—2005）被列为环境标准分析方法。

　　气相分子吸收光谱法与原子吸收光谱法都遵循朗伯-比尔定律，但是气相分子吸收光谱法对仪器的检测灵敏度要求更高。在臧平安团队的努力下，研制出了我国第一台气相分子吸收光谱仪，是我国少数具有完全自主知识产权的仪器之一。

　　《气相分子吸收光谱法及应用》一书详细介绍了气相分子吸收光谱仪的光学系统、微弱信号的采集和放大、气液分离装置、电源供电系统等；

尤其是在提高仪器的稳定性和信噪比方面进行了详尽的阐述；对于仪器的使用者和设计制造者全面了解气相分子吸收光谱法和仪器具有很大的参考价值。

相对于传统分析方法，气相分子吸收光谱法还处于起步阶段。随着标准的普及，气相分子吸收光谱仪的使用者越来越多，发表的相关科研成果也在逐年增加；在此情况下，亟需专业书籍来系统地介绍该方法，这是一项艰巨而有意义的工作，臧平安先生以耄耋之年勇担此任，而其本人又是该方法的开拓者，这让该专著更加具有实践意义，也会让读者开卷有益。

齐文启

2023 年 1 月

前言

我国已经成为世界第二大经济体，GDP 增长率处于世界前列，但同时也为此付出了环境恶化的代价。全国水环境的形势严峻，受到严重污染的劣 V 类水体所占比例较高，城乡接合部的一些沟渠塘坝污染普遍比较重，并且由于受到有机物污染，黑臭水体较多，涉及饮水安全的水环境突发事件的数量依然不少。2015 年 4 月，国务院印发《水污染防治行动计划》，这是当前和今后一个时期全国水污染防治工作的行动指南。计划的目标是到 2030 年，全国七大重点流域水质优良比例总体达到 75%以上，城市建成区黑臭水体总体得到消除，城市集中式饮用水水源水质达到或优于 III 类比例总体为 95%左右。

《地表水环境质量标准》（GB 3838—2002）规定，按照地表水水域环境功能和保护目标，水质由高到低依次划分为 I～V 五类。标准共有 109 项检测项目，其中基本检测项目 24 项，氨氮、总氮、硫化物是 24 项基本检测项目中的 3 项，也是水质 I～V 类划分的关键指标。

传统的氨氮测定方法有纳氏试剂法、水杨酸-次氯酸盐法，总氮的测定方法主要有过硫酸钾氧化-紫外分光光度法，硫化物的测定方法主要有亚甲蓝分光光度法、碘量法以及离子选择电极法。气相分子吸收光谱法作为新兴的分析方法，不仅可以测定氨氮、总氮、硫化物，还可以测定亚硝酸盐氮和凯氏氮。气相分子吸收光谱法为水质分析工作者提供了另一个选择。

相对于传统的分析方法，气相分子吸收光谱法更易于实现自动化，操作简单、快速，抗干扰能力强，而且对于被测水质的洁净度有较强的耐受性。2005 年，气相分子吸收光谱分析法被列为中华人民共和国水质检测行业标准（HJ/T 195—2005 至 HJ/T 200—2005），目前已经应用于 43 项国家及地方标准中。

随着气相分子吸收光谱法被广泛采纳，迫切需要相关的书籍系统地介绍并普及该方法，让更多的分析测试工作者受益，这也让本书的诞生有了充足的理由。本书可为广大一线分析检测工作者全面了解气相分子吸收光谱法和用好仪器提供参考。

本书简明扼要地介绍了气相分子吸收光谱法的基本原理、起源和发展现状；阐述了气相分子吸收光谱仪器的组成和构造、安装调试、仪器性能及技术指标、分析方法的建立和操作；讨论了该方法与传统方法对照分析结果时产生的技术问题，让水质分析工作者对气相分子吸收光谱法有更深层次的理解。

本书在编写过程中参考了大量国内外文献，引用了 1986 年至今笔者在气相分子吸收光谱法领域的研究成果和试验数据。

在本书的编写过程中，齐文启、刘向东二位先生对本书内容提出了建议并做了针对性修改，在此一并表示诚挚感谢！

由于笔者水平有限，疏漏之处在所难免，诚挚欢迎广大读者和有关专家学者批评指正。

臧平安

2023 年 1 月于上海

目录

第4章
气相分子吸收光谱仪器

第5章
气相分子吸收光谱分析的应用方法

第 6 章
气相分子吸收光谱法应用的问题讨论

第1章

概述

1.1　气相分子吸收光谱法简介

气相分子吸收光谱法是 20 世纪 70 年代兴起的一种简便、快速的分析方法。1976 年，Cresser 和 Isaacson 首先提出气相分子吸收光谱法（gas-phase molecular absorption spectrometry，GPMAS）这一术语。而后，Syty 第一个使用这种方法测定了 SO_2。

在仪器方面，Cresser 和 Isaacson 将原子吸收分光光度计的火焰原子化器卸下来，装上两端带石英窗的吸光管，用一个强辐射光源，在固定波长下进行测量。此后，研究人员用这种技术先后测定了腐蚀性、挥发性化合物中的气体，如 I_2、Br_2、H_2S、NOCl、HCN、NO_2、NH_3 和 NO。

另一些资料报道了收集被分析的气体于测量池中，进行波长扫描，这种光谱分析既能提供定性信息又能提供定量信息。其中 Saturday 等测定了 UF_6 和 PuF_6；Koga 等测定了 NO、SO_2、AsH_3 和 PH_3。而 Rechikov 则将氢化物与惰性气体的混合物连续通过分光光度计的吸收池，维持一定的压力，以氙灯为光源，以氢化物气体方法测定了 B、N、P、As、Sb、Si、Ge、Sn。

在水质分析方面，也有学者进行了一些研究，如 Cresser 等人曾用 $NaNO_2$ 与 HCl 反应，利用固体在强酸性介质中可以分解的特性，将 $NaNO_2$ 分解成的气体认为是 NO、NO_2、N_2O_3、N_2O_4、N_2O 等多种氮氧化物以及 NOCl 的混合气体，给出的吸收光谱如图 1-1。然而，Cresser 等人用 HCl 将 $NaNO_2$ 分解出多种氮氧化物气体，只是证明了 $NaNO_2$ 的一种分解反应，这种反应在分析领域没有产生实际意义，因而未受到分析化学界的重视。

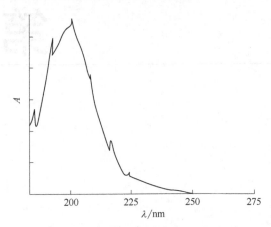

图1-1　NaNO$_2$分解气体的吸收光谱

一些人研究了 NH$_3$-N 的测定，其中 Muroski 等人研究的方法得到的检出限为 1mg/L；Vijan 等人改进了 Cresser 与他的同伴提出的方法，采用了一个无窗的 T 形石英管，并在管外绕上电热丝，施加 10V 电压加热，以流动注射进样方式，向约 10mol/L NaOH 反应液中注入水样 2mL，得到了近 0.1mg/L 的检出限。由于方法都是将水样加入高浓度的 NaOH 溶液中，很强的碱性会使有机胺转化生成 NH$_3$，因此测定结果偏高。还有人研究测定了肥料中的 NH$_3$-N 和尿素氮。但同样是在强碱性溶液中，NH$_3$ 挥发的同时，某些有机胺也分解生成了 NH$_3$，因而也使测定结果偏高。

20 世纪末 Cresser 和 Isaacson 以流动注射方式用气相分子吸收光谱法测定了饮料和食品中的亚硫酸盐，每小时可测定 40 个样品。使用此法代替分光光度法，不仅速度快，还可以避免使用大量汞盐对环境的污染。

上述成分的测定灵敏度均不高。从分解反应机理上来讲，测定过程中分解成对光产生吸收的气体密度较低或分解反应速率较慢，不能产生强而有效的分子吸收。从仪器上来说，大都是利用已有的原子吸收分光光度计或 UV/Vis 分光光度计，这两种仪器不能满足气相分子吸收光谱法测定的技术要求。这两方面的原因影响了气相分子吸收光谱法应有的发展。

气相分子吸收光谱法不仅被国外的许多学者研究应用，国内也有专家于 20 世纪 80 年代末至 90 年代初试验应用了这种方法，例如：1988 年张寒琦等的氯化物分子吸收法；1991 年余志鹏、黄慧明用双原子分子吸收光谱法测定了痕量碘，用石墨炉原子吸收光谱法测定了痕量溴；1999 年金钦汉、吕楠、张寒琦用预富集气相分子吸收光谱法测定了水中硫化物。

但是，国内外学者大都是为了配合某种科学考察或者某一课题研究而采用气相分子吸收光谱法提供实验数据。由于没有专用的仪器相匹配，或因为某些其它原因，他们的方法没有作为一种有效的、系统性的分析手段被加以推广。

1.2 气相分子吸收光谱法的发展及现状

1.2.1 基础方法的研究

1986 年，上海宝钢检验科化学分析室和环境监测站的废水排放在同一个废水中和槽中，化学分析室测定金属铁的方法中使用高价汞盐，因此排放到中和槽的废水需要环境监测站定期分析废水中总汞含量，规定总汞含量不得超过 $10\mu g/L$。而在 1986 年的很长一段时间内，化学分析室并没有测定金属铁，但是仍然能够从废水中检测出远远大于 $10\mu g/L$ 的汞。

为了解决这一问题，笔者分析研究了中和槽废水中存在的物质和它们的状态。在测定废水样中的汞时，即使不加 $SnCl_2$ 或 $NaBH_4$ 还原剂，结果仍然能够测定出很高的吸光度。由此证明，不是冷原子汞蒸气产生的吸光度。于是分析，中和槽废水中到底有哪些物质能够挥发成气体并在测汞的 253.7nm 波长处产生吸光度。绝大多数金属阳离子是不可能挥发成气体的，铅、铋、砷、锑、硒等虽然能被 $NaBH_4$ 还原生成氢化物产生吸收，但是这些物质含量极低，在测汞的 253.7nm 波长处产生的吸光度不易被检出。

在一定条件下能够变成气体的应该是阴离子，如 Cl^-、Br^-、I^- 等，以及酸根离子，如 NO_2^-、NO_3^-、SO_4^{2-}、SO_3^{2-}、$S_2O_3^{2-}$ 等。而 Br^-、I^- 及 SO_3^{2-}、$S_2O_3^{2-}$ 虽可挥发产生吸收的气体，但其含量很低，吸光度应该是很低的；Cl^- 虽然含量很高，但没有强氧化剂，不能挥发成可产生吸收的 Cl_2；NO_3^- 是最稳定的无机含氮化合物，一般情况下不会分解生成氮氧化物气体，不产生吸光度；SO_4^{2-} 是最稳定的酸根离子，无法变成气体产生吸光度。

经过深入的探索研究，笔者认为，为了防止管道腐蚀，化工厂在其循环水中加了大量（约 300mg/L）的 $NaNO_2$ 防腐剂，每天都要分析该水样，中和槽废水中 NO_2^- 含量很高。相对于 NO_3^- 来说，NO_2^- 不太稳定，但是，让其自然分解成氮氧化物气体也不容易。综合考虑之后认为，是环境监测站用磷钼黄分光光度法检测水中磷酸盐时，为了提高方法的灵敏度，在每个样品中都加了无水乙醇为增感剂，初步推测是乙醇的某种作用促使 NO_2^- 发生化学反应而生成了氮氧化物气体，被隐藏在静态的废水中。当样品按照测汞法通入载气时，NO_2^- 才得以挥发出氮氧化物气体，在测汞的 253.7nm 波长处产生了吸光度。

为此，试验了在废水样中额外加入 NO_2^- 的标准溶液和少量无水乙醇，结果测出的吸光度远高于未加 NO_2^- 的吸光度。通过这一试验可以确定，在 253.7nm 波长处产生的吸光度应该是 NO_2^- 分解的氮氧化物气体所致，不是汞蒸气产生的吸收。

为了进一步试验研究，将一台日本进口的 AA-8500 双通道原子吸收分光光度计改造成了比较稳定的、灵敏度和信噪比都比较高的单通道原子吸收分光光度计。在当时没有参考资料的情况下，通过试验研究，最终确定了酸性水样中的 NO_2^- 只有在乙醇的作用下，才会瞬间被分解，分解的产物是氮氧化物，它的最大吸收波长约在 217nm。由于氮氧化物是宽带吸收，在测汞的 253.7nm 处也有较大吸收。

通过反复试验，确定了是乙醇的催化作用促使 NO_2^- 瞬间分解成 NO_2 和 NO，从而建立了测定 NO_2^- 的气相分子吸收光谱法。试验证明，方法的检测灵敏度、精密度及准确度与已有的盐酸萘乙二胺分光光度法都非常一致。

传统测定 NO_3^- 常用酚二磺酸光度法、戴氏合金还原法及镉柱还原光度法，分析条件苛刻，测定流程很长，且使用的有机试剂和金属镉严重污染环境。

NO_3^- 在无机含氮化合物中是最稳定的，将其分解成气体比较困难。经过反复试验，发现亚钛离子在较强盐酸介质中可以将 NO_3^- 直接还原分解成具有强烈吸收光谱的 NO，从而建立了测定 NO_3^--N 的气相分子吸收光谱法。NO_2^--N 和 NO_3^--N 的气相分子吸收光谱法分别于 1990 年和 1992 年获得发明专利授权，专利号分别为 ZL 90 1 02835.5 和 ZL 92 1 08475.7。

之后，在这两种方法的基础上，又进一步引申出 NH_3-N、凯氏氮和 TN 的气相分子吸收光谱法，并在文献的基础上改进完善了硫化物的气相分子吸收光谱法。截至 1996 年共研制出测定 6 个成分的气相分子吸收光谱法。

1993 年，中国环境监测总站、上海市宝山区卫生防疫站和宝山区环境监测站分别试验验证了 NO_2^--N 和 NO_3^--N 的气相分子吸收光谱法，该法随即作为增补方法纳入了《水和废水监测分析方法》（第三版）。

在进行方法验证的过程中发现，许多型号的原子吸收分光光度计的灵敏度和信噪比都比不上改进的 AA-8500 双通道原子吸收分光光度计，达不到气相分子吸收光谱法的要求。

鉴于此种情况，笔者自 1998 年设计并研制出了世界上第一台气相分子吸收光谱仪原型机。与原子吸收分光光度计相比，仪器检测灵敏度提高了 10～50 倍，仪器各项技术指标优越。1999 年采用此原型机与上海分析仪器厂三产自立仪器厂合作，于 2000 年生产出三台 GMA-2000 型商品样机。在该样机上不仅测定了 NO_2^--N、NO_3^--N、NH_3-N、凯氏氮和 TN，还对亚硫酸盐和氰化物以及 As 和 Se 的氢化物分子吸收光谱法进行了探索性的试验。

1.2.2 标准方法的建立

经过系统验证，气相分子吸收光谱法是一种可靠有效的分析方法，氨氮、亚硝酸盐氮等 6 项气相分子吸收光谱法于 2002 年被纳入了《水和废水监测分析方法》（第四版）。在多个环境监测站的要求下，得到了国家环境保护总局科技标准司的批准，6 项方法经过了使用仪器的四个环境监测站和尚未购买仪器的两个环境监测站的方法验证，并通过了专家评审，于 2005 年被国家环境保护总局批准，成为了行业标准方法（HJ/T 195—2005 至 HJ/T 200—2005）。至此，6 项气相分子吸收光谱法作为标准方法得以广泛应用，目前已经应用于 43 项国家及相关标准中，见表 1-1。

表 1-1　43 项国家及相关标准

序号	标准编号	标准名称	测定项目
1	HJ/T 195—2005	水质 氨氮的测定 气相分子吸收光谱法	NH_3-N
2	HJ/T 196—2005	水质 凯氏氮的测定 气相分子吸收光谱法	凯氏氮
3	HJ/T 197—2005	水质 亚硝酸盐氮的测定 气相分子吸收光谱法	NO_2^--N
4	HJ/T 198—2005	水质 硝酸盐氮的测定 气相分子吸收光谱法	NO_3^--N
5	HJ/T 199—2005	水质 总氮的测定 气相分子吸收光谱法	TN
6	HJ/T 200—2005	水质 硫化物的测定 气相分子吸收光谱法	硫化物
7	GB 16889—2008	生活垃圾填埋场污染控制标准	NH_3-N, TN
8	GB 21900—2008	电镀污染物排放标准	NH_3-N
9	GB 21902—2008	合成革与人造革工业污染物排放标准	NH_3-N
10	GB 21903—2008	发酵类制药工业水污染物排放标准	NH_3-N, TN
11	GB 21904—2008	化学合成类制药工业水污染物排放标准	NH_3-N, TN
12	GB 21908—2008	混装制剂类制药工业水污染物排放标准	NH_3-N, TN
13	GB 21907—2008	生物工程类工业水污染物排放标准	NH_3-N, TN
14	GB 21905—2008	提取类工业水污染物排放标准	NH_3-N, TN

序号	标准编号	标准名称	测定项目
15	GB 21901—2008	羽绒工业水污染物排放标准	NH₃-N，TN
16	GB 2544—2008	制浆造纸工业水污染物排放标准	NH₃-N，TN
17	GB 21909—2008	制糖工业水污染物排放标准	NH₃-N，TN
18	GB 21906—2008	中药类工业水污染物排放标准	NH₃-N，TN
19	DB 31/199—2018	污水综合排放标准	NH₃-N，TN，硫化物
20	GB 25461—2010	淀粉工业水污染物排放标准	NH₃-N，TN
21	GB 25462—2010	酵母工业水污染物排放标准	NH₃-N，TN
22	GB 26131—2010	硝酸工业污染物排放标准	NH₃-N，TN
23	DB 61/244—2011	黄河流域（陕西段）污水综合排放标准	NH₃-N，TN
24	GB 14470.3—2011	弹药装药行业水污染物排放标准	NH₃-N，TN
25	GB 26452—2011	钒工业水污染物排放标准	NH₃-N，TN，硫化物
26	GB 26877—2011	汽车维修工业水污染物排放标准	NH₃-N，TN
27	GB 26451—2011	稀土工业水污染物排放标准	NH₃-N，TN
28	GB 27632—2011	橡胶制品工业水污染物排放标准	NH₃-N，TN
29	GB 27631—2011	发酵酒精和白酒工业水污染物排放标准	NH₃-N，TN
30	GB 4287—2012	纺织染整工业水污染物排放标准	NH₃-N，TN
31	GB 16171—2012	炼焦化学工业水污染物排放标准	NH₃-N，TN，硫化物
32	GB 28938—2012	麻纺工业水污染物排放标准	NH₃-N，TN
33	GB 28937—2012	毛纺工业水污染物排放标准	NH₃-N，TN
34	GB 28936—2012	缫丝工业水污染物排放标准	NH₃-N，TN
35	GB 28666—2012	铁合金工业水污染物排放标准	NH₃-N
36	GB 13546—2012	钢铁工业水污染物排放标准	NH₃-N，NO₃⁻-N
37	GB 28661—2012	铁矿采选工业水污染物排放标准	NH₃-N，TN
38	GB 31570—2015	石油炼制工业水污染物排放标准	NH₃-N，硫化物
39	T/CHES-12—2017	水质 硝酸盐氮的测定 气相分子吸收光谱法	NO₃⁻-N
40	T/CHES-13—2017	水质 氨氮的测定 气相分子吸收光谱法	NH₃-N
41	T/CHES-14—2017	水质 亚硝酸盐氮的测定 气相分子吸收光谱法	NO₂⁻-N
42	T/CHES-15—2017	水质 总氮的测定 气相分子吸收光谱法	TN
43	T/CHES-16—2017	水质 硫化物的测定 气相分子吸收光谱法	硫化物

1.2.3 方法及仪器的研究与应用进展

目前，国内生产制造气相分子吸收光谱仪的厂家主要有上海安杰环保科技股份有限公司、上海北裕分析仪器股份有限公司等。由于公司之间相互竞争，相互促进，气相分子吸收光谱仪的性能和自动化程度都有了很大提高。气相分子吸收光谱法和仪器的用户群体正在不断扩大。气相分子吸收光谱法的标准化成就了一种全新而有效的分析监测方法，得到了广泛应用。

气相分子吸收光谱法简便、快速、抗干扰性强，是一种高效、节能、环保的方法，受到了业界的重视和分析监测人员的欢迎。这一全新的分析手段在方法的研究和仪器的改进方面有着广阔的空间。大量应用气相分子吸收光谱法的科研论文发表于各种期刊。

探讨和改进较多的方法是 NH_3-N 和硫化物的测定。如周科、贺静等改进了测定水中 NH_3-N 分子吸收光谱法的实验研究，他们加大了 $KBrO_3$ 和 KBr 的用量，配制的 NaBrO 氧化剂将原来不足 1mg/L 的 NH_3-N 氧化成为 2mg/L 的 NO_2^--N，降低了方法检出限，提高了方法的灵敏度。

吴卓智、莫怡玉等研究了海水养殖水样空白的降低。由于 NH_3-N 含量较低，经 NaBrO 氧化后的 NH_3-N 空白较高，试验选用了优质的硬质玻璃容量瓶和优质的塑料离心管，测定出经 NaBrO 氧化后的 NH_3-N 空白吸光度由 0.020 降低至 0.00018。以此将气相分子吸收光谱法测定 NH_3-N 的检出限由 0.05mg/L 降至 0.006mg/L。高空白是劣质玻璃容器中含有的氮化物造成的，海水养殖水样中的 NH_3-N 含量较低，吸光度大都在 10^{-2} 数量级水平以下。除选择空白低的器皿处，降低用水和试剂的空白方能更有利于测定海水养殖水样。

邝婉文对气相分子吸收光谱法测定 NH_3-N 的不确定度进行了评定，对气相分子吸收光谱法测定 NH_3-N 的方法给予了较高的评价。敬小兰在气相分子吸收光谱法测定水中硫化物的实验研究中，对气相分子吸收光谱法的研究和改进做出了不懈努力。

实例很多，这里不一一赘述。

第 **2** 章

气相分子吸收光谱法的测定原理和特点

2.1 气相分子吸收光谱法的测定原理

气相分子吸收光谱法的原理是被测物质分解产生的气体在特征辐射光的照射下，其分子由基态跃迁至激发态时，分子的振动和转动产生的吸收以及气体中原子的电子受光的作用后发生电子能级变化的吸收，减弱了特征光的辐射强度，其减弱程度（吸光度）与被测物质浓度成线性关系，以此来获得被测物质的具体浓度。以上原理也是比尔定律的理论基础，气相分子吸收光谱法就是依据这一原理来进行被测成分的定量测定的。

当光强度为 I_0 的特征辐射光通过被测样品分解出的气体时，光强度减弱至 I，减弱的程度与被测样品分解的气体密度遵循比尔定律：

$$A = \lg\left(\frac{I_0}{I}\right) = K\rho L$$

式中 I_0 ——入射特征谱线辐射光强度；

I ——出射特征谱线辐射光强度；

K ——吸光系数；

ρ ——被测成分分解出的气体密度；

L ——特征辐射光通过吸光管的光程。

该方程式说明，吸光度与样品中被测成分分解出的气体密度成线性关系，而气体密度又与被测成分浓度成线性关系，因而所测气体的吸光度即与样品中被测成分含量成线性关系。

对于液体（如水样）或固体（如化肥、土壤）样品的测定，其测定过程是将被测成分通过简单的化学反应分解成气体，用载气（氮气或空气）将气体从液相载入气相，进入气相分子吸收光谱仪的测量系统测定吸光度。

对于被测定的气体（大气、烟气）样品，可用抽气泵形成负压，使其直接流入测量系统测定吸光度。然后测定已知浓度的标准气体的吸光度，进行比较得出被测气体的含量。

2.2　六项测定方法原理简述

（1）NO_2^--N 的测定

将一定含量的水样在柠檬酸等酸性介质中，用乙醇作催化剂，使 NO_2^- 瞬间分解成 NO_2，在 Zn 灯 213.9nm 波长处测得该气体的吸光度与 NO_2^--N 的浓度符合比尔定律。

（2）NH_3-N 的测定

将一定含量的水样在碱性介质中用 NaBrO 定量氧化成 NO_2^-，再在酸性介质中将 NO_2^- 用乙醇催化，瞬间分解成 NO_2，于 Zn 灯 213.9nm 波长处测得该气体的吸光度与 NH_3-N 的浓度符合比尔定律。

（3）NO_3^--N 的测定

水样于（70±2）℃的较强盐酸介质中，用 $TiCl_3$ 溶液将 NO_3^- 瞬间还原分解成 NO，于 Cd 灯 214.4nm 波长处测得该气体的吸光度与 NO_3^--N 的浓度符合比尔定律。

（4）硫化物的测定

水样于稀的 H_3PO_4 或 HCl 介质中使硫化物（S^{2-}、HS^-、H_2S、可溶性金属硫化物）瞬间生成 H_2S，于 Zn 灯 202.6nm 波长处测得该气体的吸光度与硫化物的浓度符合比尔定律。

（5）TN 的测定

水样在高温、高压下，在碱性介质中，用 $K_2S_2O_8$ 氧化消解，使无机氮及绝大部分有机氮分解生成硝酸盐，按照 NO_3^--N 的测定方法进行测定。

（6）凯氏氮的测定

水样在浓度较高的 H_2SO_4 溶液中，用 K_2SO_4 提高温度，用 $CuSO_4$ 催化反应，将无机氮及有机物中的氨态氮消解转化成 NH_4HSO_4，再将生成的铵盐用 NaBrO 氧化成亚硝酸盐，按照 NO_2^--N 的测定方法进行凯氏氮的测定。

2.3 气相分子吸收光谱法的特点

与常规的分光光度法相比较，气相分子吸收光谱法具有以下特点：

① 方法均通过简单的化学反应，使测定成分瞬间分解产生相应的气态分子，通过测定气态分子对特征光辐射的吸收，达到测量目的。

② 所用仪器可实现完全自动化。操作简便、快速，测定结果准确，重复测定（n=7）的相对标准偏差≤3%。一般水样加标回收率在95%～105%之间。

③ 测定成分浓度范围宽，低浓度和高浓度均可测定，定量测定下限低至0.01mg/L，测定上限高达每升百余毫克。

④ 使用器皿单一，化学试剂品种及用量较少，不使用汞、镉、酚二磺酸、对氨基二甲基苯胺、对氨基苯磺酰胺和 N-(1-萘基)乙二胺等有毒试剂，避免了对环境的二次污染。

⑤ 方法选择性好，抗干扰性强。被测成分分解成气体转入气相就是一个快速与干扰物分离的过程，因而一般样品不用复杂的化学分离，尤其不必去除样品颜色和一定颗粒的浑浊物干扰。

目前，气相分子吸收光谱法适用于一些酸根、阴离子以及氢化物的测定。与分光光度法相比，干扰成分少，操作简便快速；与离子色谱法相比，虽然不能对多组分（在各组分浓度相差不大时）进行连续测定，但气相分子吸收光谱法对单个项目的测定速度要比离子色谱法快，尤其是检测灵敏度和测定浓度范围都优于离子色谱法，且其对水样的清洁度要求远远低于离子色谱法，比较适合测定污水样品。此外，离子色谱法的色谱柱易堵塞，对污水样品须做预处理；色谱柱须精心维护，并要注意适时更新色谱柱；离子色谱仪整机价格昂贵。总之，与分光光度法和离子色谱法相比，气相分子吸收光谱法是一种节能环保的好方法。

2.4 气相分子吸收光谱法与其它国标方法的比较

气相分子吸收光谱法是一种全新的分析方法。为证明方法的可靠性，笔者慎重地与多种方法，特别是国标法进行了比较，结果列于表2-1～表2-3中。与其它国标法相比，气相分子吸收光谱法是一种节能环保的方法。

表2-1 硝酸盐氮及亚硝酸盐氮的测定

项目	硝酸盐氮			亚硝酸盐氮	
	气相分子吸收光谱法	酚二磺酸光度法	镉柱还原光度法	气相分子吸收光谱法	盐酸萘乙二胺光度法
检出限/(mg/L)	0.006	0.02	0.005	0.003	0.003
测定范围/(mg/L)	0.05~50	0.03~2	0.01~0.4	0.01~100	0.012~0.2
加标回收率/%	95.5~105			95~105	96~102
测定精度(CV)/%	<3	5.4		<2	2.8
每个样的分析时间/min	1.5	120	30	1.5	30（清洁样）
分析操作及其它	分析成本低	方法不易掌握	镉污染环境	分析成本极低	使用有机试剂

表2-2 氨氮与凯氏氮的测定

项目	氨氮		凯氏氮	
	气相分子吸收光谱法	纳氏试剂蒸馏光度法	气相分子吸收光谱法	凯氏蒸馏光度法
检出限/(mg/L)	0.01	0.02	0.01	
测定范围/(mg/L)	0.05~20	0.1~2	0.2~20	10~400
加标回收率/%	97.4~106	94~96	95~105	
测定精度(CV)/%	<3	<4.4	<3	4
每个样的分析时间/min	2	100	50	100
分析操作及其它	简便、无毒害	使用大量有毒汞	可测定批量样品	需凯氏装置蒸馏预处理

表2-3 总氮及硫化物的测定

项目	总氮		硫化物	
	气相分子吸收光谱法	过硫酸钾氧化光度法	气相分子吸收光谱法	亚甲蓝分光光度法
检出限/(mg/L)	0.01	0.05	0.005	
测定范围/(mg/L)	0.2~50	0.2~8	0.02~100	0.02~0.8
加标回收率/%	95~105	95~105	100~102	
测定精度(CV)/%	<2	<5	1.5	12
每个样的分析时间/min	5	70	1.5	60
分析操作及其它	简便、准确度高		简便、快速、准确	不易操作、准确度差

第**3**章

气相分子吸收光谱法的定量分析

目前的气相分子吸收光谱法主要用于单组分的常规定量分析。如前所述，定量分析的理论基础是比尔定律。单组分测定的常规法有绝对法、标准对照法（直接比较法）、比吸收系数法、标准曲线法和标准加入法。本章仅对气相分子吸收光谱分析应用的标准曲线法和标准加入法进行简述。

3.1 标准曲线法

凡是应用标准曲线的分析方法，都是在测得样品吸光度后，从标准曲线上查得其浓度。因此，绘制的标准曲线会直接影响分析结果的准确性。

标准曲线就是用纯的标准溶液，按级差取不同浓度的标准液，分别测定其吸光度，进而绘制浓度与吸光度的线性曲线。

标准曲线法是分光光度法计算结果最常用的方法之一。气相分子吸收光谱法也是使用线性标准曲线法计算分析结果。计算方法与分光光度法相同：配制一系列不同浓度的标准溶液，在与样品相同的条件下，先分别测量标准溶液各自的吸光度，以吸光度（A）为纵坐标，标准溶液浓度（c）为横坐标绘制标准曲线，见图 3-1。然后测定试样的吸光度，从标准曲线上查得该吸光度对应的试样浓度。

现代的光谱仪器（包括气相分子吸收光谱仪）都配有计算机，测定好标准溶液吸光度，计算机会自动绘制标准曲线。

吸光度纵坐标和横坐标的数值要能反映测定的吸光度值和标准溶液浓度的有效值，但是由于测量误差，测出的值不可能绝对地分布在通过原点的直线上，要使测定的值尽可能地分布在直线上，须考虑试剂空白、器具沾污以及人为等因素。标准曲线的绘制通常是采用最小二乘法拟合出反映吸光度与浓度关系的一元线性回归方程：

$$c = aA + b \tag{3-1}$$

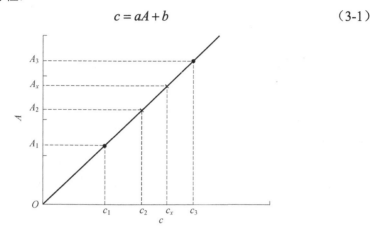

图 3-1　分光光度法的标准曲线

式中，a 为回归系数；b 为截距。a、b 分别由以下公式计算：

$$a = \frac{S_{(cA)}}{S_{(AA)}} \tag{3-2}$$

$$b = \bar{c} - a\bar{A} \tag{3-3}$$

式中，$\bar{A} = \frac{1}{n}\sum_{i=1}^{n} A_i$；$\bar{c} = \frac{1}{n}\sum_{i=1}^{n} c_i$；$S_{(AA)} = \sum_{i=1}^{n}(A_i - \bar{A})^2$；$S_{(cA)} = \sum_{i=1}^{n}(A_i - \bar{A})(c_i - \bar{c})$。

c 与 A 之间线性关系的密切程度用相关系数 r 来度量：

$$r = \frac{S_{(cA)}}{\sqrt{S_{(cc)} - S_{(AA)}}} \tag{3-4}$$

式中，$S_{(cc)} = \sum_{i=1}^{n}(c_i - \bar{c})^2$。

3.1.1　标准曲线的类型

校准曲线包含标准曲线和工作曲线。前者是用系列标准溶液直接测定绘制的曲线，不用经过水样的处理过程，这种曲线对于废水样品或者基体复杂的水样可能会造成一定的分析误差；而工作曲线是将系列标准溶液经过与水样同样的消解、净化等全过程后绘制的曲线。

在分光光度法中，要求使用的标准曲线是一条直线，曲线的相关系数能够接近1，最低也要达到0.999。气相分子吸收光谱法无一例外地采用了分光光度法的线性标准曲线。

3.1.2　气相分子吸收光谱法的5种曲线

（1）直线回归1

$Y=kX+b$，特点是曲线与各点标准的拟合误差回归至最小，零标准液不参与回归计算。

（2）直线回归2

$Y=kX+b$，特点是曲线与各点标准的拟合误差回归至最小，零标准液也参与回归计算。

（3）直线回归3

$Y=kX$，特点是在强制通过零点的基础上，让曲线与各点标准的拟合误差回归至最小。

（4）曲线拟合1

曲线拟合1为分段拟合的曲线方程。使曲线连接各标准点并通过零点，当标准曲线弯曲时，可使用该拟合曲线计算水样结果。测定样品的浓度要在拟合曲线的标准液浓度范围内，并要与拟合曲线同时测定样品。

（5）曲线拟合2

曲线拟合2为二次曲线回归方程，曲线与各点标准的拟合误差为最小。当标准曲线弯曲时，可采用该拟合曲线。

凡是应用校准曲线的分析方法，都是先用纯的标准溶液，按级差取不同浓度的标准液，分别测定其吸光度来绘制线性标准曲线，然后根据标准曲线计算样品的分析结果。气相分子吸收光谱法也是使用标准曲线计算分析结果的。

3.1.3　不同标准曲线回归方程的应用

① 零标准液吸光度极小或等于0时，可用直线回归1。

② 采用零标准液参与回归计算的直线回归2，与零标准液不参与回归的直线回归1相比，曲线斜率较高，截距 b 小于直线回归1，计算的结果较为准确，气相分子吸收光谱法就是采用直线回归2计算结果的。

3.1.4 标准曲线的要求

① 水质分析使用的标准曲线应为该分析方法的直线范围。配制的系列标准液浓度值应均匀地分布在曲线范围内，不要采用低浓度密集、高浓度稀疏的做法。

② 曲线的线性相关系数要达到 $r \geqslant 0.999$，曲线的截距要小于或者等于 0。

③ 标准曲线的斜率基本上是 1mg/L 标准液的吸光度值。若斜率大于 1mg/L 标准液的吸光度时，由该曲线计算出的分析结果就会偏低，反之就会偏高。

④ 标准曲线不仅相关系数要好，各标准液浓度的吸光度更要呈现良好的倍数关系，否则就测不准低含量的水样结果。吸光度不成比例关系，大多是由于各浓度点加入的稀释水体积不同。尤其是稀释水空白高时，会造成低点标准液浓度吸光度偏高，高点标准液浓度吸光度偏低的状况。由于稀释水体积不同，标准液浓度不成倍数关系，吸光度也就不成倍数关系。

为此笔者建议用微量移液器吸取配制标准溶液，此时加入的标准液体积微小、体积的差别也不大。如此，即使加入稀释水的空白再高，稀释水的体积差别也不大，这样的标准液测定的吸光度就会是相对准确的倍数关系。

3.1.5 标准曲线的绘制方法

3.1.5.1 多点标准溶液绘制标准曲线

多点标准溶液是手工配制的。如前所述，要用微量移液器吸取较高浓度的标准原液，吸取的标准液体积是微量而准确的，如 50μL、100μL、150μL、200μL、250μL。各点标准液体积相差不大，定容体积 20mL 时，加入定容的空白水体积差别最大不超过 5%。这样配制的各点标准液，即使稀释水的空白比较高，对各标准液浓度的影响也不大。这样不仅可以得到线性好的标准曲线，各点浓度标准液测得的吸光度也是准确的倍数关系。

3.1.5.2 单点标准溶液绘制标准曲线

带自动进样器的自动化仪器可以用一点高浓度标准液自动稀释，配制各点标准液测定吸光度，绘制标准曲线。用调节蠕动泵转速稀释单点标准液，稀释倍数不应太大，一般 20 倍即可，稀释倍数过大会降低标准曲线的质量，影响分析结果。

单点标准液绘制标准曲线要注意，配制单点标准原液的稀释水与自动稀释配制标准点的稀释水要用同一质量的水。这里要强调说明的是，测定硫化物时因为采样时加了固定剂，硫化物生成了 ZnS 沉淀，用蠕动泵吸入单点浓度的标准液是不够准确的。笔者认为应采用多点标准液绘制标准曲线。

3.2　标准加入法

当测量基体复杂的水样时，在测定过程中，基体与测定成分发生化学反应而受到损失时，可采用标准加入法抵消基体的干扰。采用这种方法时先测样品的吸光度 A_x：

$$A_x = \varepsilon b c_x \tag{3-5}$$

式中，c_x 是待测样品的浓度。

然后在待测样品的溶液中加入标准溶液，其浓度为 c_Δ，再测其吸光度 $A_{x+\Delta}$，根据吸光度的加和性应有：

$$A_{x+\Delta} = A_x + A_\Delta = A_x + \varepsilon b c_\Delta$$

故

$$A_{x+\Delta} - A_x = \varepsilon b c_\Delta \tag{3-6}$$

式（3-5）和式（3-6）两式相除得：

$$A_x / (A_{x+\Delta} - A_x) = c_x / c_\Delta$$

即

$$c_x = [A_x / (A_{x+\Delta} - A_x)] c_\Delta \tag{3-7}$$

由式（3-7）可计算出待测样品的浓度 c_x。

标准加入法一般是将已知的不同浓度的三个及三个以上的标准溶液加入浓度相当的样品溶液中，之后分别测定其总的吸光度 $A_{x+\Delta i}$，然后以 $A_{x+\Delta i}$ 为纵坐标、$c_{\Delta i}$ 为横坐标绘制标准曲线，见图 3-2。将绘制的直线延长至与横坐标相

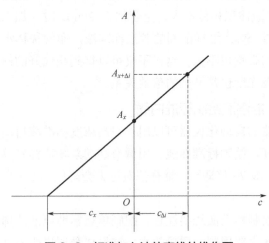

图 3-2　标准加入法的直线外推作图

交，原点至交点所对应的浓度就是待测样品的浓度。

3.3 工作曲线法

工作曲线是将按级差吸取的标准溶液，按照与水样同样消解、净化等全过程处理后绘制的线性曲线。例如测定氨氮时，将 $NH_3\text{-}N$ 标准溶液与水样一起氧化成 $NO_2^-\text{-}N$ 所绘制的线性曲线，可视为工作曲线。

其实将 $NH_3\text{-}N$ 标准溶液氧化成 $NO_2^-\text{-}N$ 进行测定，不如直接使用 $NO_2^-\text{-}N$ 与水样同时消解处理后绘制的工作曲线，这样的工作曲线不存在 $NH_3\text{-}N$ 氧化不完全的问题，只要 $NO_2^-\text{-}N$ 各点标准液体积准确，$NO_2^-\text{-}N$ 的工作曲线就会是一条可靠的线性曲线。

第4章

气相分子吸收光谱仪器

4.1 气相分子吸收光谱仪的研制

气相分子吸收光谱法目前测定的成分大都是将液相中的酸根或阴离子通过简单的化学反应，产生相应的具有特征吸收光谱的气体分子，分子的吸收强度远低于原子的吸收；加之将气体用载气载入吸光管测定吸光度时，由于大量载气的存在，管内气体密度超过了所测定的气体密度，致使同样浓度的样品分解成的气体被载气稀释后，所产生的吸光度远远低于液相吸收分光光度法的结果。吸光度低，就会使测定结果不稳定。因此，气相分子吸收光谱法必须使用高灵敏度、低噪声的仪器。

笔者自 1986 年开始设计研制气相分子吸收光谱仪，于 1998 年试制出气相分子吸收光谱仪原型机。原型机利用了一台英制的 Unicam SP-500 型分光光度计的石英棱镜单色器作为内光路。拆除原来仪器上的光电倍增管暗盒和比色皿架，保留光阑调节，以便在调试电路时检测单色仪杂散光及电路部分的基线稳定性。

这里简要说明一下采用石英棱镜单色器的优点。众所周知，不同波长的光受到不同程度的折射而色散，棱镜材质对不同波长光的折射率不与波长成线性相关，棱镜材质对短波区域的折射率变化要比长波区域的变化大很多。因此，棱镜色散的谱线排列是不均匀的。在短波区，因为 $dn/d\lambda$ 大，谱线的排列非常稀疏，相应谱线之间的距离比较大，谱线的分辨率就高。气相分子吸收光谱法的测定成分基本是在 200nm 附近的短波区域，原型机的气相分子吸收光谱仪就采用了石英棱镜单色器。

4.1.1 整机仪器结构

整机仪器结构如图 4-1，由光学系统，气液分离与吸光、供电系统，电子放大系统与检测系统四个主要部分组成。

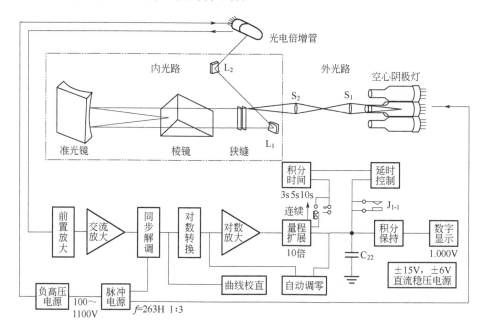

图 4-1　仪器结构示意图

4.1.1.1 光学系统

整机光路与原 Unicam SP-500 型分光光度计的光路反相 180°，将空心阴极灯辐射光由原来的出射狭缝入射，至准光镜返回，经单色仪色散成单色光后从原来的入射狭缝出来，再经一反射镜成 90°角，反射至光电倍增管。光电倍增管置于原来光源暗盒里的氘灯位置处。将光源暗盒散热孔内壁涂黑漆的铝皮密闭遮光。整机光学系统如图 4-2 所示。

空心阴极灯辐射光采用二次聚焦，一次通过吸光管，二次聚焦到入射狭缝，有利于得到较强的和均匀性好的辐射光。但因整体光程距离较大，会造成光能量的损失，因此需采用焦距合适的透镜，所用的透镜焦距是：$f_1=75\text{mm}$，$f_2=65\text{mm}$。使阴极灯的光斑经第一透镜 S_1 在吸光管中央成实像，然后经过第二透镜 S_2 在单色器的入射狭缝成实像。经棱镜单色仪分光至准光镜，再反射至出射狭缝，最后经反光镜 L_1 及 L_2，将光能量反射到光电倍增管。

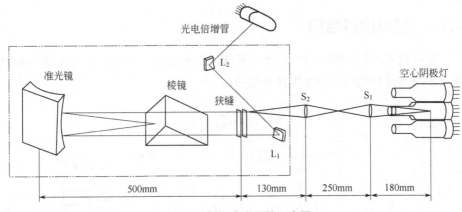

图 4-2 整机光学系统示意图

4.1.1.2 气液分离与吸收

采用的气液分离与吸收装置见第 5 章测定 $NO_2^- \text{-N}$ 的图 5-1。

4.1.1.3 电源供电系统

本系统包括了空心阴极灯电源、光电倍增管负高压电源、晶体管直流稳压电源以及电子电路。

（1）空心阴极灯电源

空心阴极灯采用占空比为 1 : 3 的脉冲稳流电源供电，以便提高灯发光强度和发光稳定性，并延长灯的使用寿命。

图 4-3 的稳流灯电源由图 4-7 供电脉冲 T_{18} 和 T_{19} 组成的多谐振荡器触发 T_{20} 和 T_{21} 单稳态电路，输出频率为 263Hz，脉冲宽度为 1ms 的脉冲信号，经钳位电路去控制 T_{22} 和 T_{23} 开关三级管 3DK2B。在 3DK2B 饱和导通期间，3DD4E 对地电阻变小，I_C 增大，流过灯的电流变大；反之，在 3DK2B 截止期间 I_C 变小，构成起始电流，脉冲电流叠加在这一起始值上，通过调整灯电流电位器 R_{70} 改变灯电流，使其在 1~10mA 范围内稳定工作。

高稳定性的电子管 6P15 与晶体管 3DD4E、3DG6D 组成复合管，起到调整电流的作用。在正常稳流情况下，灯电源 A、灯电源 B 电位相等，5G23B 输出为零。当由于某种原因使灯电流减小，灯电源 A 电位低于 B 电位，这时 5G23B 便有输出，去推动调整管使其改变管压降，直至灯电源 A 和 B 电位相等，使其回到原来的灯电流值，反之亦然。由于 5G23B 开环增益较高，能够维持 A、B 两点电位相等，因而保持了灯电流的稳定不变。

由于灯的回路中串联阻值一定，复合管压降一定，6P15 的板流及板压变化很小，故 6P15 在电路中起到了稳定电流的作用。

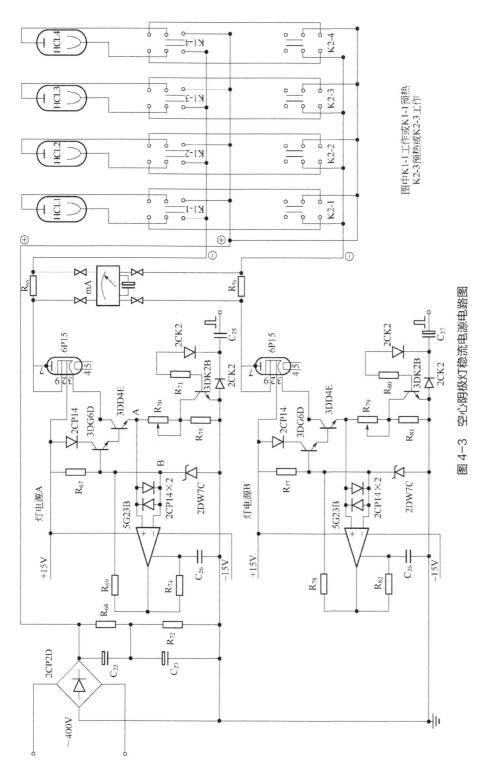

图 4-3 空心阴极灯稳流电源电路图

单光束仪器空心阴极灯需要预热约 15～30min 才可以测定样品。这样在测定两个以上项目时，就需要预热的灯电源来预热备用的灯以节省分析时间。过去曾采用简单的整流滤波电源预热灯，通过快速切换方式接通到工作电源进行测定。预热电源虽然简单经济，但因预热的灯电流与工作灯电流大小不一致，特别是当工作电流采用窄脉冲供电方式时，预热的灯电流与工作灯电流大小更无法保持一致。这不仅起不到预热效果，相反，由于不必要的预热点灯，还会缩短灯的使用寿命。

为了工作方便，该仪器安装了两套完全相同的灯电源。可以在第一个灯工作接近完成时，提前预热第二个灯。预热的灯不用切换电源，只要把预热的灯用灯架旋转到光路即可马上工作。灯架上同时安装 4 个灯，只需用手柄转动至工作灯位置即可；使用的灯和预热的灯通过仪器面板上互锁式琴键开关任意选择，不受灯的安装顺序限制。

（2）光电倍增管负高压电源

负高压电源是光电倍增管的工作电源（图 4-4）。光电倍增管的工作稳定性受负高压电源的影响极大，因此要求其电压的稳定性都要高于 0.02%。

该电源由 25V 交流电整流，经电感滤波变为直流，供给大功率硅晶体管构成电感负载式自激多谐振荡器，产生频率 2000Hz 的方波信号，经高频变压器升压，再经桥式整流、电容滤波，得到负高压。为保证电压稳定性，从负高压输出电路取样电阻的分压点取样，至运算放大器 FC54B 反相输入端进行误差比较并放大后，通过 3DG12B 去控制调整管 3DD4E，改变振荡器的输入电流以达到其输出电压的稳定。

该仪器采用的负高压电源，输出电压为–100～–1100V 连续可调。通过 R_{65} 改变运算放大器 FC54B 的同相输入端的基准电压以得到所需要的稳定的负高压值。

当电网电压在 185V 到 240V 范围内变化时，该负高压的稳定度优于 0.02%，纹波小于 0.01%。

（3）晶体管直流稳压电源

该仪器直流供电电压为±15V 和±6V，其电路均采用晶体管分离元件。电源的稳定度优于 0.01%，纹波小于 1mV。其电路原理如图 4-5 所示，与一般晶体管电源相同，这里不再叙述。

4.1.1.4 电子放大及检测系统

（1）前置放大器

电路图 4-6 中的前置放大器是由 T_1 结型场效应管 3DJ6E 与 T_2 晶体管 3CG14

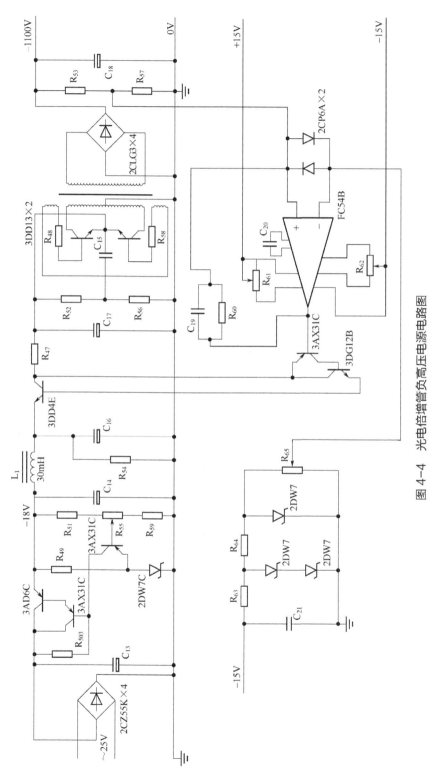

图 4-4 光电倍增管负高压电源电路图

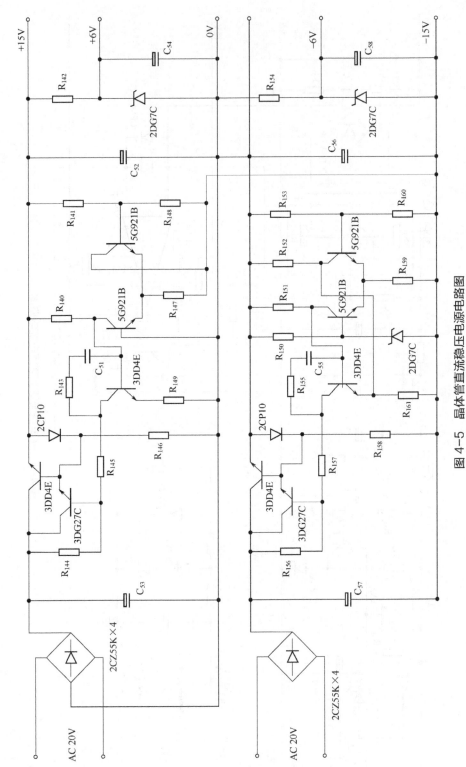

图 4-5 晶体管直流稳压电源电路图

组成低噪声复合源极输出器，以便提高放大器的输入阻抗并降低噪声。这里，T_1 管接成自偏置电路（其传输系数 0.9~1）。通过一高电阻 R_{124} 将场效应管 3DJ6E 栅极 G 接到分压点上，以便减弱通过 R_{115}、R_{132} 的电流噪声。由于 T_1 与 T_2 管实际上成为了两级放大的负反馈电路，因此，这种电路不仅非线性失真小，且稳定性也非常好。而且由于它的阻抗变换系数 Prs/Rsc 比普通源极跟随器大得多，使它的输出阻抗变得很低，这就有利于与后级放大器 A_1 的匹配。

（2）交流放大器

本级放大器亦如图 4-6，A_1 放大器采用线性组件 5G23B 进行 100 倍的交流放大。根据光电倍增管的光电脉冲信号，经前置级加至本级交流放大，获得了约 3V 的脉冲信号，再由下级同步解调器进行解调。

其工作原理是：输入信号由 5G23B 反相输入端输入，其放大倍数决定于反馈电阻 R_{122} 与 R_{118} 之比。反馈回路接一小电容 C_{39} 以便消除高频振荡，有利于放大器的稳定。此电容不宜过大，否则，将明显降低输出信号，实际电路中的电容 C_{39} 的值为 66pF。

线性组件 5G23B 是上海无线电五厂生产的元件，电路结构简单，性能稳定、噪声小、使用方便。只是输入阻抗较低，不过由于前置级接输出阻抗低的源极跟随器，仍可与其得到较好的匹配。

（3）同步解调器

为了提高解调效率，采用串联结型场效应管 T_6 作通断开关；T_5 用来控制 T_6 的通、断。A_2 为高输入阻抗的电压跟随器，与 C_{43} 和 C_{45} 构成取样保持电路，如图 4-6。

由于光电倍增管的输出脉冲与供电脉冲有一定的延迟，并受连接导线分布电容的影响，光电倍增管的输出脉冲发生了形变与迟后。同时空心阴极灯的起辉前沿和余辉后沿都叠加了较大噪声。因此，解调的脉冲宽度应小于灯的供电脉冲。这样就要通过延时电路选择最佳的时间，以便使解调器只选灯脉冲信号较平坦的中间部分，以便提高整机的信噪比。

同步解调信号由脉冲电源多谐振荡器电路的 T_{18} 输出（图 4-7），经 T_{20} 和 T_{21} 单稳延时 0.47ms，触发单稳 T_{22} 和 T_{23} 以输出脉冲宽度为 0.47ms 的负脉冲信号，去控制电路的 T_5（3DG12B）的基极（图 4-6）。当输入信号为-15V 时，T_5 管反向偏置，处于截止状态，其集电极输出+15V，使二极管 D_3 反向偏置，故 T_6 管栅源同电位，而处于导通状态，这时前级来的脉冲信号可以通过解调器，选通时间为 0.47ms，当输入给 T_5 管的信号为零时，T_5 管导通，集电极输出为 -6V，二极管正向偏置，T_6 管栅极负电位，而处于夹断状态，解调器无信号输

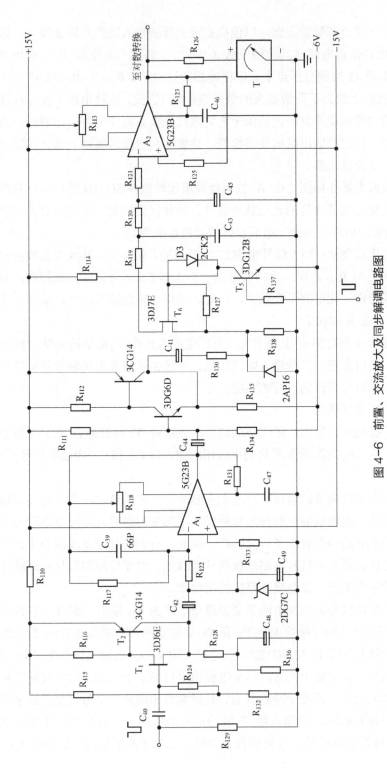

图 4-6 前置、交流放大及同步解调电路图

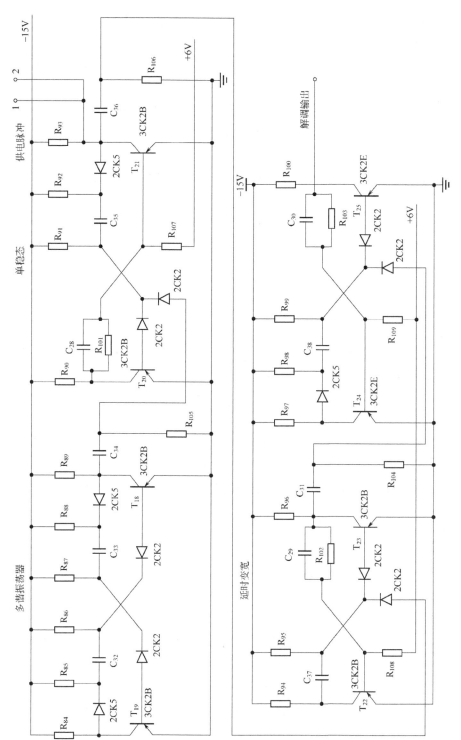

图 4-7 空心阴极灯脉冲供电及同步解调电路图

出。解调器选通脉冲与供电脉冲相位相同，输出解调脉冲电路亦如图4-6。

（4）对数转换与放大

为使表头读数与样品浓度成线性关系，必须进行对数转换。本级由5G921B对管与A_3、A_4线性组件5G23B组成对数放大器，见图4-8。

利用5G921B对管中的一个三极管作对数转换元件。根据三极管的PN结电压与电流之间呈现对数特性，配合线性组件A_3构成对数转换电路，见图4-8及图4-9。

5G23B的开环增益很高（约90dB），因而可以近似认为A点为地电位（图4-9），输入电流I_R全部流入反馈元件，电流为I_C。

即
$$I_R = I_C; \quad V_o = V_{BE} \tag{4-1}$$

对于台面型与平面型硅三极管，当$V_o=0\text{mV}$时，$V_{BE}>100\text{mV}$，集电极电流I_C与V_{BE}成对数关系。

即
$$I_C \propto \exp \frac{V_{BE}}{KT} \tag{4-2}$$

从式（4-2）可知：

$$\lg I_C \propto V_{BE} \tag{4-3}$$

那么
$$\Delta V_{BE} \propto \Delta \lg I_C \tag{4-4}$$

因为
$$V_{BE} = V_o; \quad I_C = \frac{V_i}{R}$$

故
$$\Delta V_o \propto \Delta \lg V_i \tag{4-5}$$

式中，V_{BE}是发射极电压，V；I_C是硅晶体管电流，A。式（4-5）说明，输出电压的变化量正比于输入电压的对数变化量，根据比尔定律，吸光度值为：

$$E = \lg \frac{I_o}{I} = \lg \frac{V_o}{V_i} = \lg V_o - \lg V_i \tag{4-6}$$

所以
$$\Delta V_o \propto E$$

也就是说，通过对数转换电路，便可以使放大器的输出值与吸光度成正比例关系。

（5）量程扩展

比较简单的量程扩展电路是用一个多圈电位器与读数表头相串联。通过改变电阻值实现表头的量程扩展和浓度直读。

由于表头内阻较大，一般$50\mu A$表的内阻为$3\sim5\text{k}\Omega$，扩展倍数与电位器的圈数不成线性关系；扩展倍数越高电位器阻值越小，这就影响了扩展的精密度和稳定性。由于扩展倍数大，仪器灵敏度高，相应地要增大表头的时间常数以

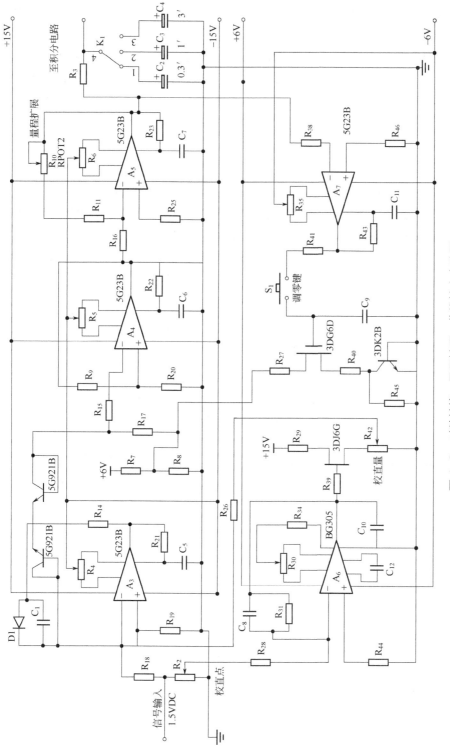

图 4-8 对数转换、量程扩展、曲线校直电路图

求稳定。但扩展电位器阻值已很小，最大扩展时，阻值为零，时间常数反而减小，使仪器稳定性变差。

为弥补上述不足，在对数放大器之后专门加一级量程扩展放大器 A_5（见图 4-8）。通过改变 5G23B 的反馈电位器 R_2 的阻值，以提高 5G23B 的放大倍数达到量程扩展的目的。R_2 为 10 圈 56kΩ 的精密电位器。电位器每增加一圈，放大器的增益提高一倍，即量程扩大一倍。完全是线性扩展，不影响表头的时间常数。

（6）曲线校直

较好的气相分子吸收光谱仪，特别是光源使用 D_2 灯的仪器，由于 D_2 灯发射的谱线是连续光谱，对于半宽度 1.2nm 的 $NO_3^- -N$ 和 TN 所分解的 NO 窄带吸收来说，即使单色仪的通带宽度≤1nm，标准曲线也很容易弯曲。为了得到较高的光能量以求仪器更加稳定，选用通带宽度≥2nm 时，绘制的标准曲线更容易弯曲，因此本仪器加装了曲线校直电路，见图 4-8 和图 4-9。

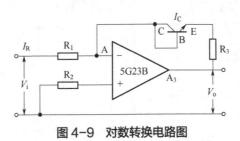

图 4-9　对数转换电路图

该仪器的曲线校直使用电子方法，在检测电路中对检测特性进行校正。

根据分子吸收光谱的原理：

$$E = \lg \frac{I_0}{I} \tag{4-7}$$

式中，I_0 为入射光强；I 为透射光强。

但实际上由于存在吸光管截面的恒定光强 I_E 和其它一些复杂因素所产生的动态分量——随动量 ΔI_C，故式（4-7）实际应为：

$$E = \lg \frac{I_0 + (I_C + \Delta I_C)}{I + (I_C + \Delta I_C)} \tag{4-8}$$

式中，$(I_C + \Delta I_C)$ 必定对式（4-7）的正确性产生一定影响。如果在测量电路中，用电模拟量（电压或电流）置换式（4-8），则有：

$$E = \lg \frac{V_0 + (V_C + \Delta V_C)}{V + (V_C + \Delta V_C)} \qquad (4\text{-}9)$$

$$= \lg[V_0 + (V_C + \Delta V_C)] - \lg[V + (V_C + \Delta V_C)] \qquad (4\text{-}10)$$

从式（4-10）中看，（$V_C + \Delta V_C$）是要消除的电量。由于 V_C 是恒定量，可以在电路设计中调整一个等值的负电量（$-V_C$）与之抵消。对 ΔV_C，可调整一个随输入信号 V 而变的 $-\Delta V_C$ 与之抵消。这样便可把造成曲线弯曲的因素准确地校正过来。

对 V_C 的消除可以用简单的电路，如在对数输入端与输入信号同时给一固定的模拟量即可。对于（$V_C + \Delta V_C$）的消除，可在对数输入电路给一个随输入信号变化而变的模拟量，该仪器就是根据这一原理设计的。曲线校直由线性组件 A_6 和结型场效应管 3DJ6G 组成线性校直电路，见图 4-8。

从对数放大器 A_3 的输入端取样，经 A_6 放大 5 倍，去推动 3DJ6G 的栅极，利用结型场效应管的栅源电压与漏极电流的非线性，使输出信号随对数放大器的输入信号而变化。将得到的模拟量送入 A_3 的同相端，以此信号来校正对数放大器的输入信号，以实现曲线校直。

电路中设置 R_2 以确定校直点，设定 R_{42} 来调整校直量。以图 4-10 为例，30μg/mL NO_3^- 标准液在 100mL HCl 介质中，吸光度从 10μg/mL 开始弯曲，经过校直后，0μg/mL 至 30μg/mL 的吸光度均成直线。

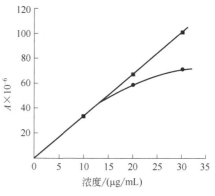

图 4-10 测定 NO_3^- 的曲线校直效果图

（7）自动校零

单光束仪器空心阴极灯稳定时间较短，基线产生漂移。气体分子由于载气的稀释，吸光度为液相分光光度法的吸光度的 $\frac{1}{10} \sim \frac{1}{5}$，因而测量时需要进行量程扩展，使仪器处于高灵敏度状态下工作，但这会造成基线的漂移，因此需要适时进行基线校零。该仪器采用了自动校零电路实现仪器校零。

校零电路如图 4-11 所示。由线性组件 FC54C 放大器 A_7 与绝缘栅型场效应管 3DO1G 和记忆电容 C_{22} 组成。当 A_5 输出零点漂移时，触发自动调零按钮，使校零电路闭环，这时 A_7 便从图 4-8 的末级放大器 A_5 取样，并记忆于电容 C_{22} 上，此电压信号加于 3DO1G 的栅极，经漏极输出至线性组件 FC54C 的反相端输入，通过改变 FC54C 输入端电压以实现调零。其调零的程序是：当 A_5 的输出端零点有正漂移时，闭环校零程序是 $A_5\uparrow\rightarrow A_7\downarrow\rightarrow T_9\uparrow\rightarrow A_4\uparrow\rightarrow A_5\downarrow$，经过一系列的调整，直至 A_5 输出端零点漂移抵消至零为止。反之，当 A_5 有负漂移时，也同样被抵消为零。

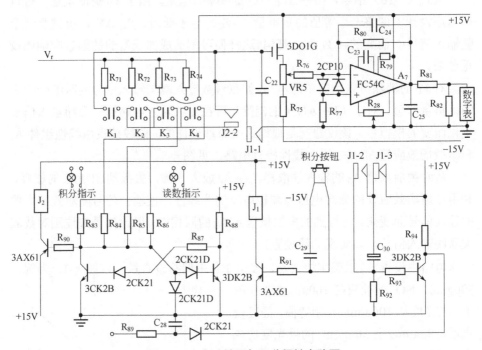

图 4-11　自动校零与积分保持电路图

（8）积分保持

在量程扩展、灵敏度较高、测量数据到达最高平台基线时，此基线的平坦部分可能会出现较大的波动或噪声，由于此基线的不平直，往往产生计算误差。在这种情况下，如能对变动较大的波动在一定时间内（如 5s）进行积分，取其平均值被电容记忆，即能够提高测量精度。

根据这一要求，采用了积分保持电路。它由绝缘栅型场效应管 3DO1G 和积分电容 C_{22} 以及高输入阻抗的线性组件 FC54C 组成，见图 4-11。

积分测量和连续（或不积分）测量时，由互锁式琴键开关 $K_1\sim K_4$ 分别控制，任意按下一键，其它各键自动跳开。K_1 键在连续挡，信号直接通过较小的电阻 R_{71} 加到场效应管 3DO1G 的栅极，由于时间常数小（R_{71} 和电容 C_{22} 的时间常数约 0.5s），测量结果是瞬时值，将随不稳定的信号有起伏变化。$K_2\sim K_4$

分别控制了 3s、5s 和 10s 的积分时间，积分时间长一些，测量精度高。

可根据测量的具体要求，由触发器和单稳态延时电路控制积分时间。例如积分 5s 时，可按下 K_3，其它各挡自动跳开，处于积分状态，这时便可按动积分按钮，使触发器产生一脉冲信号去触发单稳态。在单稳延时电路的控制下，继电器 J_1 常开，接点 J_{1-1} 在触发器产生脉冲时立即闭合（闭合 0.5s），其作用是放掉积分电容前次储存的电量，使场效应管的栅极处于零电位；J_{1-1} 恢复常态后，继电器 J_2 紧接着闭合，以接通积分电路。当积分到 5s 时，延时电路翻转，J_{2-2} 自动断开。这时电容 C_{22} 所储存的电位就是信号经过 5s 积分的平均值。然后通过积分放大器（T_{12} 和 FC54C）输送至峰高记录仪记录出峰值高度。

4.1.2　仪器性能与技术指标

4.1.2.1　静态基线漂移与噪声

用锌（Zn）空心阴极灯，电流 5mA、波长 213.9nm，使用 QD15 型自动记录仪，量程扩展至最高灵敏度范围，点灯预热 2h，用记录仪记录仪器基线漂移。图 4-12 是在基线漂移记录图中截取的一段 9min 的记录图。按记录纸表格计量，30min 基线漂移小于 1%（1 小格），基线噪声小于 0.5%。

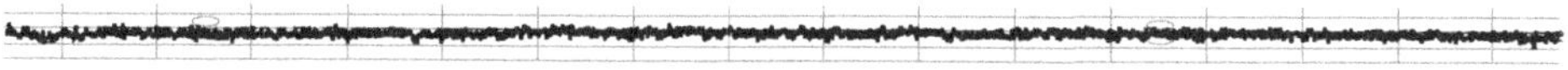

图 4-12　仪器基线漂移与噪声记录图

4.1.2.2　标准曲线的线性

以镉（Cd）空心阴极灯为光源，波长 214.4nm，在 10mL 5mol/L 盐酸介质中，测定 0.25～2.5μg/mL NO_3^- 标准溶液，采用曲线校直。吸收峰扣除空白 5.0mm 后记录的吸收峰高与浓度关系的标准曲线见图 4-13。标准曲线的相关系数 $r=0.9999$，斜率 $k=16.53$，截距 $b=-0.1587$。吸收峰高与浓度均成良好的倍数关系。

4.1.2.3　检出限

以水为空白，测定 6 组 NO_3^- 溶液的吸收峰，得到的吸收峰高见图 4-14，平均吸收峰高 5mm、相对标准偏差 CV=0.052。

以 3 倍的标准偏差除以图 4-13 标准曲线的斜率 47.3，NO_3^- 的检出限为 0.0033mg/L。

4.1.2.4　重复测定的精确度

用铅（Pb）空心阴极灯在 283.3nm 波长下测定了 10 次 200mg/L NO_3^- 标准

液的吸光度，吸收峰高以毫米计，平均吸收峰高为 125.8mm，相对标准偏差 CV=0.66%，测得吸收峰高的记录，见图 4-15。

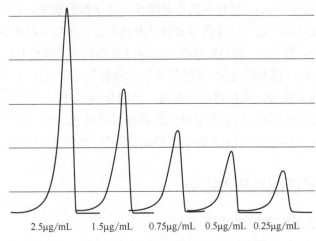

2.5μg/mL   1.5μg/mL   0.75μg/mL   0.5μg/mL   0.25μg/mL

图 4-13 NO_3^- 线性浓度的吸收峰（含空白）

图 4-14 NO_3^- 溶液的吸收峰（空白对照）

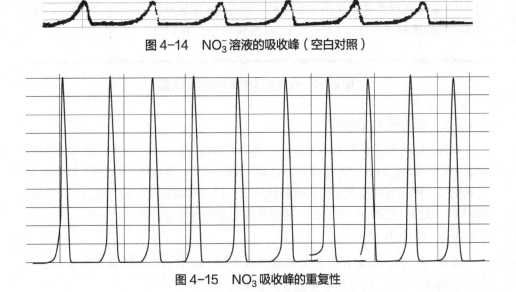

图 4-15 NO_3^- 吸收峰的重复性

4.2   气相分子吸收光谱仪的现状

从气相分子吸收光谱法测定的要求出发，仪器的结构与火焰原子吸收分光光度计很相似，只不过是将原子吸收分光光度计的原子化器更换成了气相分子吸收光谱法要求的气液分离装置而已。

但由于气体分子的吸光度远低于原子的吸收，再加上气相分子吸收光谱法测量的气体分子需要载气将其载入吸光管，反应气体的密度被载气大大地稀释了，因此，其吸收灵敏度按最高吸收的 NO_2^- 来比较。1mg/L NO_2^--N 吸光度约 0.15～0.25，远远低于分光光度法，所以气相分子吸收光谱仪的信噪比较高，要尽可能提高仪器的检测灵敏度。仪器吸光度读数 5 位，小数点后必须有 3 位精准读数方能满足测量要求。

4.2.1 仪器分类

4.2.1.1 经典气相分子吸收光谱仪

经典仪器基本上是手动操作和半自动化测定样品的仪器，上海安杰环保科技股份有限公司早期的 AJ-2100 和 AJ-2200 就是此类仪器。仪器光源灯的聚焦、灯电流大小的调节、单色器波长的调节等都是手动的，分析结果的计算和打印报告由计算机处理。

（1）经典仪器的优点

① 仪器结构简单，操作技术难度并不高，维护方便，只要掌握好移液管的使用，吸取标准液和水样准确，就可以得到准确的分析结果。

② 仪器稳定、信噪比高，测定条件精准，易于控制。据悉，有些用户单位使用 AJ-2200 仪器绘制的标准曲线，竟然能够使用一年。

③ 仪器的气液分离吸收装置主要是外置的磨口反应瓶，测量过程中的化学试剂对电路中的器件不会产生腐蚀，因此仪器经久耐用。

④ 外置的磨口反应瓶拆卸、清洗方便，容易保持洁净，尤其是测定 NO_3^--N 和 TN 时，反应瓶内壁 $TiCl_3$ 还原剂被 NO_3^- 不断氧化成 TiO_2 的污垢时，可以将碱性 H_2O_2 的热溶液倒入反应瓶中，TiO_2 便迅速还原溶解，被彻底清洗干净，不会出现因反应瓶内壁粗糙和不洁净而影响分析结果的准确性和精密度的情况。

⑤ 水样中的沉淀及浑浊物，只要能够被移液管吸入的，都可以测定，能真正体现出气相分子吸收光谱法不受水样沉淀和浑浊物影响的优越性能。

⑥ 测定少量样品（10～20 个），测定速度比自动化仪器快。

⑦ 仪器操作灵活，人为随时可控，适合教学和科研工作。

（2）经典仪器的缺点和不足

① 分析结果会受人为因素影响，操作者水平不同，所得分析结果会有一定差别。

② 对操作人员吸取标准溶液和水样的精确度要求较高。

4.2.1.2　自动化气相分子吸收光谱仪

这种仪器的结构较为复杂。光源灯的定位、灯电流的调节、增益的控制、单色器波长的调节、相关自动进样器等部件，都是由程序自动控制进行工作的。只要使用软件点击"开始"，仪器就会自动操作各部件完成分析测定，得到分析结果。

（1）仪器的优点

① 适合大批量水样的测定。较好的、可靠性强的仪器应该实现测定样品的全过程无人看管。哪怕是下班后，也可让仪器自行测定样品，测定结束，仪器自动清洗后关机，操作者次日来读取测试报告。不过目前还没有制作出无人看管且让人放心的自动化气相分子吸收光谱仪。

② 用自动化仪器测定样品的同时可照看其它仪器工作，进行多个项目的测定，是一种省心、省力的仪器。

（2）缺点和不足

① 气液分离装置及输液、输气管路均封闭在仪器内部，不易清洗维护，影响测定结果。

② 仪器的主放大器电路易受控制部件驱动电路的脉冲干扰，因此稳定性和信噪比都不容易达到经典仪器的水平。仪器的装配和调试较为复杂。

③ 仪器故障率较经典仪器高。日常维护要求较高的是"气液分离系统"的清洗。因为所有的测定成分都是使用同一套气液分离反应装置，测定成分的化学反应不同，导致残留物质不同，进而产生相互交叉影响。

④ 仪器内置的气液分离装置必须每天清洗。若每次测定后不能得到彻底的清洗，特别是测定 NO_3^--N 和 TN，长期使用 $TiCl_3$ 还原剂时，会使 $TiCl_3$ 被氧化成的四价钛（TiO_2）沉积和残留在反应瓶内壁及输液管路中，造成液路不畅通，使分析结果的重现性逐渐变差。

自动化仪器的清洗和保养是一个比较重要的工作。若不能花时间和精力仔细清洗保养，仪器自动化的优越性就很难体现。

4.2.2　仪器的主要部件

仪器整机包括光源（空心阴极灯或氘灯及其电源），光学分光系统（光栅单色器以及外光路双透镜等），光电转换器件（光电倍增管及其负高压电源），电子检测及放大系统，自动控制系统，气液分离吸收装置，数据处理与读出系统。

4.2.2.1 仪器供电的稳压电源

气相分子吸收光谱仪对稳压电源的性能要求较高，建议使用线性电源变压器制作稳压电源。线性电源变压器不仅成本低，输出电压纹波小，自身的干扰和噪声也比较小，稳定度优于开关电源10～30倍，因此制作的稳压电源性能容易达到要求。

市售的开关电源虽然可以直接使用，但价格高，输出的电压叠加了较大的纹波。输出5V的电压就有难以消除的50 mV纹波。开关电源还会产生很大的高频尖峰脉冲，即使在电路中串联磁环也难以改善。

4.2.2.2 仪器的光源

（1）氘灯光源

① 结构和工作原理　氘灯是一种气体放电灯，灯丝阴极发射的热电子在电场的作用下向阳极运动，与氘分子发生非弹性碰撞而使氘分子激发。当氘分子分解成原子时，同时辐射一定波段的连续光。

氘灯的结构如图4-16，氘灯的发射光谱分布见图4-17。它发出的波长反映为190～900nm的连续光谱。它的使用波长一般为190～360nm。氘灯在485.8nm、581.4nm、656.1nm三处各有一条特征发射线，可被用来校准单色器的波长。其中656.1nm及485.8nm使用得最多。目前气相分子吸收光谱法测定成分的波长均在200nm左右，使用485.8nm波长校准单色器的波长，会使气相分子吸收光谱法使用的波长更准确。

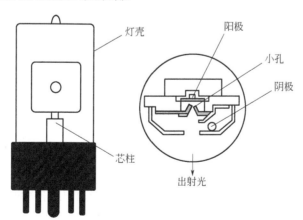

图 4-16　氘灯的结构示意图

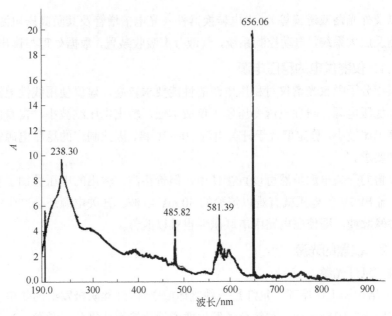

图 4-17　氘灯发射光谱分布图

② 氘灯的工作参数及其测试

a. 用四位半数字万用表的直流挡测量氘灯工作电流，一般为 180~350mA 可正常工作，最好使用 200~300mA 电流工作。

b. 灯丝预热电压和电流。交流供电的有 2.5V、4A 和 10V、0.8A；直流供电如 12V、0.8A 等。

c. 起辉电压，一般直流电压起辉电压为 200~600V，国产新灯的起辉电压低至 200~400V，进口灯高至 300~650V。

d. 起辉后，正常工作电压为 75V±15V，低于 60V 或高于 90V 都不能正常工作。

e. 氘灯的噪声。氘灯在常温下点燃，预热 30mim 后，在 220nm 波长处测试，要求相对光能量的波动瞬时变化率≤±0.4%，该瞬时变化数值就是氘灯的噪声。

f. 基线漂移。氘灯在常温下点燃，预热 2h 后，在 220nm 处测试，要求基线漂移≤±0.5%/h。

g. 氘灯的寿命。一般为 1000h 左右。判断氘灯使用寿命的方法是，在仪器上装上一个新的优质氘灯，设定灯电流及工作电压，使光能量达 100%。换上一个长期使用、可能要更换的氘灯。在同一条件下，若长期使用的氘灯光能量低于 50%，则需要及时更换新的氘灯。

③ 使用氘灯的注意事项

a. 尽量选用触发电压低的灯，有利于灯电源的设计，保证仪器稳定。

b. 氘灯工作电压尽量低一些，有利于延长灯的寿命。

c. 使用的氘灯灯丝电压和电流要与仪器提供的氘灯电源一致。市场上销售的氘灯有两类，一类是 2.5V、4A，另一类是 10V、0.8A。试验证明采用后者较好。

d. 为了延长灯的寿命，还可将氘灯用在半功率点上，就是将氘灯的恒流电源的工作电流调节到 180mA 左右，实践证明在 180～200mA 范围内结果最佳。

④ 氘灯对气相分子吸收光谱法的适应性　气相分子吸收光谱法测定的是气体分子对特征光谱的吸收。一般而言，气体分子是宽带吸收，但是在目前的测定成分中，NO_3^- 所分解出的 NO 竟然是比较狭窄的吸收光谱。

笔者 1986 年曾在单色器焦距为 50cm、日本进口的 AA-8500 型仪器上使用氘灯光源，扫描了 NO_3^- 所分解的 NO 吸收光谱，在 200～230nm 波长区域出现了从左到右的 205.0nm、214.3nm 及 226.4nm 的三个窄带吸收峰，见图 4-18。其中 214.3nm 波长的吸收峰最高，是气相分子吸收光谱法测定 NO_3^--N 采用的波长。该波长吸收峰的半宽度仅为 1.2nm，对于如此小的吸收峰半宽度，采用连续光源氘灯时，对能否得到 NO_3^--N 浓度与吸光度成线性关系的范围进行了研究。

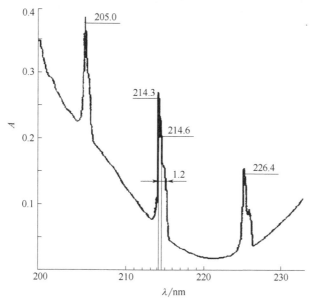

图 4-18　NO 窄带吸收光谱图

试验结果表明，仅在 0.23～0.90μg/mL 范围内吸光度与 NO_3^--N 浓度成线性关系，线性相关系数 $r=0.9995$，见图 4-19。尽管线性关系好，但是可测范围太小，用氘灯测定 NO_3^--N 是不切实际的。这也就是笔者后来选择镉（Cd）空心阴极灯的 214.4nm 波长为光源的原因。

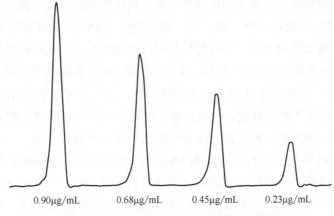

0.90μg/mL   0.68μg/mL   0.45μg/mL   0.23μg/mL

图 4-19　NO_3^- 线性浓度吸收峰的记录图

目前的商品仪器使用上海精密科学仪器有限公司的通带较宽、焦距较小的单色器，测定 NO_3^--N 的浓度从 0.17μg/mL 开始，吸光度与浓度不成线性相关，见图 4-20。

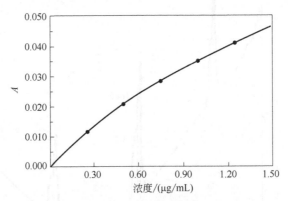

图 4-20　NO_3^--N 浓度与吸光度的线性关系

综上所述，如采用氘灯光源测定 NO_3^--N，即使使用长焦距、小狭缝的单色器，也得不到大范围的线性标准曲线，所以使用氘灯光源必须进行曲线校直。

⑤ 曲线校直　气相分子吸收光谱仪器采用氘灯光源，为了测定 NO_3^--N 和

TN 的窄带吸收，必须在仪器的电子系统中加装如图 4-8 及图 4-9 的曲线校直电路，进行曲线校直；也可用计算机软件进行校直。目前的气相分子吸收光谱仪多采用软件进行曲线校直。

（2）空心阴极灯光源

① 空心阴极灯的结构　空心阴极灯（hollow cathode lamps，HCL）是一种低压放电激发的，低压辉光放电的灯，是由一个封入了镶嵌高纯度金属材料的小圆筒阴极和一个用金属 W 或 Mo 制成的棒状或环状的阳极组成。管内充入惰性气体以平衡灯管内压力，其压强约 2～10mmHg（1mmHg = 133.322Pa）。灯管和灯窗用玻璃烧制，用于紫外光区的灯窗选用透紫率大的石英玻璃。生产厂商不同，空心阴极灯的结构各有差异。图 4-21 是国产 AS-1 型小空心阴极灯的结构示意图。该空心阴极灯由阴极、阳极、陶瓷屏蔽管、云母片、灯窗、灯壳和灯座等组成。灯的阴极位于灯的中心，阴极发光材料为直径 2～5mm 的金属片。将其嵌入陶瓷管中，避免阴极外围放电发光。阳极偏置于阴极外侧，云母片使阴极定位，并使放电集中在阴极内侧。

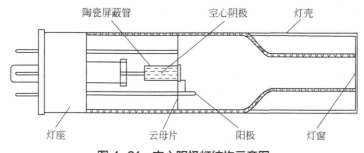

图 4-21　空心阴极灯结构示意图

空心阴极灯管内充填的气体应有较高的激发电位和电离电位，如 Ne 或 Ar 等气体。充 Ne 的灯辐射共振线很强、很清晰，干扰少，可提高信噪比。充入气体的压力对辐射强度、谱线宽度影响很大。

空心阴极灯的管座有两脚和四脚之分。根据国际普遍实行的规则要求，1 脚为阴极，3 脚为阳极，四脚管座中的 5 脚和 7 脚是起固定作用的。

② 空心阴极灯的发光原理　当空心阴极灯的阴、阳两极间施加一定的电压时，形成电场。在电场的作用下，灯内的少数原子电离为自由电子和正离子，分别向阳极和阴极加速运动，运动过程中与其它原子碰撞，导致原子电离，放出二次电子。因电子、正离子增加，放电现象得以维持，并保持放电的工作电压比起辉电压低。阴极内表面在被电子、正离子轰击的过程中，原子因受热蒸

发逸出，同时具有较大加速度的正离子群轰击阴极内表面，使其原子被溅射出来。被溅射和热蒸发出来的原子进入空心阴极的陶瓷管内，与放电过程被加速的正离子、二次电子以及气体原子之间发生非弹性碰撞，获得能量进而被激发到高能态。当其回到基态时发射火花线或离子线；发生低能级非弹性碰撞时，发射原子线。灯内相应原子增加，原子密度大，碰撞次数就多，产生的特征辐射强度就大。当溅射和蒸发的原子扩散后，原子从阴极逸出的数目与相应原子返回阴极内表面沉积在灯管内壁的原子数目达到平衡时，空心阴极灯管内相应原子密度和放电就保持了稳定。

③ 空心阴极灯的供电方式

a. 直流供电　直流供电就是连续不间断地施加直流电点灯。早期的空心阴极灯采用直流供电方式。为了得到较高的发射强度，使用较大的阴极面积和较大的灯电流，因此引起了谱线自吸变宽，也缩短了灯的寿命。由于直流供电输出效率低和稳定性差，早已不被采用。

b. 脉冲供电　脉冲供电是在瞬间通过大电流，使灯阴极产生高强度的共振辐射，之后停止供电，停止供电时间可以是供电时间的三倍乃至几十倍，实际供电的平均电流不高，可降低谱线的多普勒变宽和自吸变宽。脉冲供电得到的光强度高于直流供电的上百倍，大大提高了吸收信号的信噪比。

脉冲供电的频率一般为252～575Hz，要避免与市电倍频，选择的频率不能与市电频率成整数倍，以降低对市电的干扰。

厂家制造的空心阴极灯一般是用一半周期，即 $T/2$（1∶1）的方波电源点灯，确定的额定工作电流为 10mA，最大电流为 15mA。如果所用仪器点灯脉冲的占空比是图 4-22 中的 $T/5$（1∶5），实际点灯的电流为 $10\sim15/[(1+n)/2]=3.3\sim5$mA。考虑灯发光的稳定性，实际使用的工作电流在 4mA 左右为好。

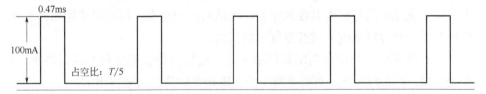

图 4-22　脉冲灯电流示意图（占空比 $T/5$）

1967 年有人应用窄脉冲供电，使共振线的发射强度增加了 50～800 倍，而谱线并没有明显变宽。其后又有很多人研究试验，一般认为脉冲供电比直流供电有高得多的光强度和较好的稳定性，脉冲的供电电流可瞬间达到数十乃至数百毫安，而平均电流很低，缩短了点灯时间，延长了灯的使用寿命。以 Cu 灯 324.7nm 为例，供电 0.4mA，瞬时点灯时间 15μs，脉冲峰值电流达 300mA。如图 4-23 所示，峰值电流是由平均电流与占空比计算出来的。

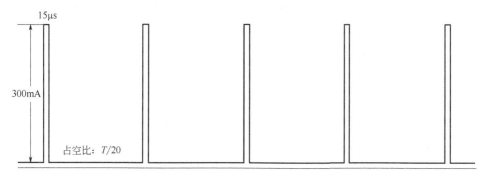

15μs

300mA

占空比：T/20

图 4-23　脉冲灯电流示意图（占空比 T/20）

④ 空心阴极灯的光谱特性

a. 工作电流与共振辐射线强度的关系　当灯电流增加时，灯的发射强度也增加，电流 i 和辐射强度可用如下经验公式表达

$$I = ai^n \qquad (4-11)$$

式中，a、n 为常数，n 与阴极材料、载体性质和谱线性质有关。对灯内充气的 Ne 和 Ar 来说，n 值在 2～3 之间。因此灯的发光强度将随灯电流的平方、立方的关系急剧变化。

b. 共振发射线半宽度　灯的共振发射线半宽度主要取决于多普勒变宽和自吸变宽。当灯电流升高时，共振线自吸变宽也增加了，因此要用较小的灯电流。

c. 工作电流和吸光度的关系　不同元素灯的电流变化对吸光度的影响是不同的，Al、Ca 等元素的吸光度不随灯电流的变化而变化；而 Mg、Pb、Zn、Cd 及 Na 灯的吸光度随灯电流的增加而不断下降，因此气相分子吸收光谱法使用的 Zn 及 Cd 灯也应该使用较小的电流供电。笔者 20 年来制作的气相分子吸收光谱仪，在使用占空比 1∶3 的脉冲电源供电时，灯电流选用 3mA；占空比 1∶1 的方波点灯时，灯电流选用 5mA，仪器工作很稳定。

⑤ 空心阴极灯的使用与维护

a. 灯的预热　空心阴极灯在点灯后经过一段时间的预热（15～30min），光强度即能达到稳定测量的要求。但若考核仪器的稳定性，预热时间则需要 ≥2h。

b. 灯的工作电流　当灯的发光稳定性、灵敏度能满足要求时，宜选用小的工作电流。因为大电流工作时，阴极会发生强烈溅射而受损，同时被溅射出来的高浓度金属原子会大大吸附管内的惰性气体，使灯的寿命缩短，充 Ne 气的灯比充 Ar 气的灯寿命短些，但充 Ne 气的灯具有良好的光谱特性，所以许多厂家采用 Ne 为平衡气体。灯阴极的过度溅射会使阴极周围的灯管发黑，严重发黑时，预示着空心阴极将要被损坏。

⑥ 空心阴极灯光源的适应性

a. 空心阴极灯发射光谱的特点　空心阴极灯发射的是锐线光谱，发射线的半宽度在 0.005~0.5nm，空心阴极灯不仅适合 NO_2^--N、NH_3-N、凯氏氮所分解出的 NO_2 和硫化物分解出的 H_2S 的宽带吸收，也适合 NO_3^--N 和 TN（消解后成为 NO_3^--N）分解出的 NO 的窄带吸收。

图 4-18 是用氘灯扫描出的 NO 的三个吸收峰，最大的吸收峰为 214.3nm，与此相应的波长可根据附录 4 的谱线表查得，合适的灯和波长有碲（Te）灯的 214.3nm 和镉（Cd）灯的 214.4nm。文献记载余西龙等人采用 Te 空心阴极灯的 214.3nm 波长测定了自由流体中最大含量的 NO。从谱线表查得 Te 灯的 214.3nm 波长与 Cd 灯的 214.4nm 波长仅相差 0.1nm。通过试验，两波长所得吸光度相差无几，但是 Te 灯 214.3nm 波长发射光能量很弱，灯电流 5mA，光电倍增管须施加 700V 高压，致使仪器基线不稳定。

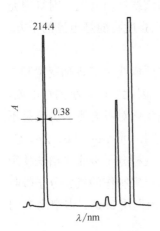

图 4-24　Cd 灯发射线

Cd 空心阴极灯使用波长 214.4nm、灯电流 5mA、光电倍增管负高压 238V 测定 NO_3^--N 是比较合适的。图 4-24 显示 Cd 灯 214.4nm 发射线的半宽度为 0.38nm，远远小于 NO 在 214.4nm 吸收峰的半宽度 1.2nm（图 4-18）。这使得 NO 在 214.4nm 的吸收没有背景影响，因而绘制的 NO_3^--N 标准曲线是符合比尔定律的线性曲线。

b. 笔者曾使用锌（Zn）空心阴极灯的 213.9nm 波长测定 NO_3^--N，期望只使用 Zn 213.9nm 一个波长便可以测定除硫化物 202.6nm 以外的各成分。可惜的是，在 213.9nm 波长处根本测不到 NO 的吸光度。NO 吸收光谱的半宽度虽然是 1.2nm，但图 4-18 显示，吸收光谱的前半峰非常陡峭，几乎是一条垂直线，213.9nm 虽然比 214.4nm 只小了 0.5nm，但是该发射线不在 NO 吸收的光谱区域，所以测不到吸光度。不仅如此，小于 214.3nm 波长也可能测不到吸光度。NO 吸收光谱的后半峰下降缓慢，至 215.0nm 还有吸收。所以之前所说的用氘灯设定 214.6nm 波长是可行的，只是大于 Cd 灯 214.4nm 波长得到的吸光度会小一些，对低含量水样的测定有一定影响。

用 Cd 灯的 214.4nm 波长测定 NO_3^--N 和 TN，不但吸收灵敏度高，发射能量也很强，能够得到比 Te 灯 214.3nm 波长更精确的分析结果。关于 Te 灯的性能，在第 6 章中还将进一步讨论。

4.2.2.3 分光系统

（1）光栅单色器

① 光栅单色器的组成　光栅单色器由狭缝、色散元件和准直镜等部件组成，其作用是将被测物质的共振线分离出来。现代仪器的分光元件大多采用光栅。

② 光栅单色器的类型　单色器按光路结构可分为力特罗型（Littrow 型，简称 L 型）、艾伯特型（Ebert 型，简称 E 型）和切尔尼-特纳型（Cerny-Turner，简称 C-T 型）三种规格的光栅单色器，见图 4-25。

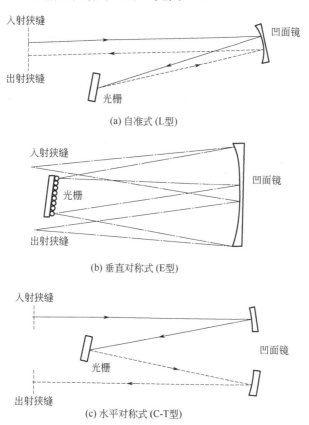

(a) 自准式 (L型)

(b) 垂直对称式 (E型)

(c) 水平对称式 (C-T型)

图 4-25　单色器结构示意图

气相分子吸收光谱仪所用的单色器是水平对称式的 C-T 型光栅单色器。光栅单色器是利用光栅对光的衍射和干涉现象进行分光的,光栅单色器色散均匀、分辨率高、波段宽阔。光栅的刻痕有 1200 条/mm、1800 条/mm、2800 条/mm 等。光栅的刻痕越多,色散率越大,一般原子吸收分光光度计所用的光栅刻痕在 600～2800 条/mm 范围。实验证明,气相分子吸收光谱仪所用光栅刻线为 1200 条/mm,一般情况下是可以满足要求的。

③ C-T 型光栅单色器结构　C-T 型光栅单色器(图 4-26)是采用两块球面镜作为准直镜和物镜的系统。它们是水平排列的,可以相互补偿(彗差),具有较好的成像质量。调试中不会因为狭缝的高低影响仪器的分辨率。

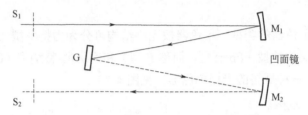

图 4-26　水平对称式光栅单色器示意图

该系统中入射狭缝 S_1 和出射狭缝 S_2 对称分布在光栅的两侧,最大的特点是彗差小,它的彗差是自准直单色器的五分之一左右,因此 C-T 型光栅单色器是比较适合气相分子吸收光谱仪的。

④ 色散率　色散率用于表征相邻谱线的分辨能力。将相邻波长的两条谱线在焦面上分开的距离称为色散率,以"mm/nm"表示。线色散率可由下式表示:

$$\mathrm{d}l\,/\,\mathrm{d}\lambda = \frac{mf}{\alpha\cos\beta} \qquad (4\text{-}12)$$

式中,l 为相邻波长的两条谱线在焦面上分开的距离;λ 为波长;m 为光谱级数;f 为物镜焦距;α 为光栅常数;β 为衍射角。由上式可知,光栅常数越小,单位宽度内刻线越多,线色散率就越大;物镜焦距越长,线色散率就越大;另外,当光谱级次增高时,线色散率也会加大。

一般习惯用仪器的倒色散率来表示分辨率的大小。原子吸收分析时对倒色散率要求不高,一般都在 2nm/mm 左右。气相分子吸收光谱分析对倒色散率的要求更不需要太高。

⑤ 分辨率　分辨率是指能够清楚地分辨紧邻两条谱线的能力。仪器的理论分辨率 R 可由下式计算:

$$R = \lambda / \Delta\lambda = mN \qquad (4\text{-}13)$$

式中，m 为光谱级数；N 为光栅总刻线数，即光栅的总宽度与每毫米刻线数的乘积。因此光栅宽度越大，刻线越多，分辨率就越高。例如光栅宽度为 50mm，每毫米刻线为 1.2×10^3 条，对于一级光栅（$m=1$），它的分辨率 $R=mN=1.2\times10^3\times50=6\times10^4$。在 $\lambda=10^7$m（3×10^2nm）处，能够分开的两条谱线间隔为 $\Delta\lambda=\lambda/R=3\times10^3/(6\times10^4)=0.5$nm。

在原子吸收分析中，一般对仪器分辨率要求是能将 Ni 的相邻的三条谱线 231.1nm、231.6nm、232.0nm 分开即可。在气相分子吸收光谱法现有的测定成分中，尚不需要这样高的分辨率。但是采用氘灯光源时，这样的分辨率还不够。

⑥ 狭缝　所谓狭缝，可以认为是灯光进、出单色器的机械缝隙的宽度。在分析监测中要正确选择狭缝。选择狭缝要考虑的因素有两点：首先是选择倒色散率。倒色散率小、分辨率高的单色器可以选择宽一点的狭缝，以增加光通量，提高仪器的信噪比，降低分析测定的检出限。其次，如果邻近的干扰线距离很近，也应当选择小狭缝，否则会造成邻近谱线的干扰，降低分析的灵敏度。对于气相分子吸收光谱法的气体分子吸收而言，目前所选用的波长不存在邻近线的吸收干扰，采用空心阴极灯光源时，合适的通带为 1nm。但是，当采用氘灯为连续光源时，必须考虑用小狭缝。

⑦ 通带　光谱通带表示与单色器出射狭缝相当的光谱区间的宽度，其带宽以下式表示。

$$\text{光谱通带宽度} = DS \qquad (4\text{-}14)$$

式中，D 为倒色散率，nm/mm；S 为狭缝的几何宽度，mm。如果光栅刻线为 1200 条，其倒色散率 $D=2$nm/mm，当狭缝 S 为 0.5mm 时，光谱通带宽度为 $2\times0.5=1$nm。

（2）光栅单色器波长的校准

气相分子吸收光谱法测定的成分所分解出的是双原子的气体分子，NO_2^--N、NH_3-N 和凯氏氮所分解的 NO_2 对锌（Zn）灯 213.9nm 辐射的吸收以及硫化物分解的 H_2S 对锌（Zn）灯 202.6nm 辐射的吸收，都是宽带吸收，对波长准确度要求不高，波长的变动只是让得到的吸光度有所不同。

NO_3^--N 和 TN（消解成的 NO_3^--N），所分解出的 NO 吸收峰是比较窄的，近似于线状吸收，吸收光谱半宽度约 1.2nm，最大吸收波长为 214.3nm。使用镉（Cd）空心阴极灯的 214.4nm 波长时，波长多了 0.1nm。当仪器的单色器通带宽度为 2nm 或 3nm 时，在仪器出厂至用户的运输途中可能会发生振动，如波长变动至低于 214.3nm 时，极有可能测不出 NO_3^--N 和 TN 的吸光度，或者波长变动至大于 214.4nm，测得的吸光度会有较大幅度的降低。此时，用户在使用仪器前必须对 Cd 空心阴极灯的 214.4nm 波长进行校正。

仪器使用氘灯光源时，要用 656.1nm 或 485.8nm 波长校正单色器波长。使用汞灯光源时，要用 253.7nm 波长校正单色器波长。

从制造商买来的单色器，一般情况下零级光栅不一定在零位，所以要首先校正零级光栅到零位，然后再用 656.1nm 或 485.8nm 的特征发射波长进行校正，使用这两个波长校正单色器波长的前提是单色器的波长必须是准确的、线性的。因为目前气相分子吸收光谱法测定成分的波长都在 200nm 附近，与校正波长的距离较远，若波长不成线性，即使 656.1nm 或 485.8nm 波长校正得再准确，使用的波长也不一定准确。尤其是测 $NO_3^- $-N 和 TN 使用的 214.3nm 波长，比该波长小 0.1nm 就可能测不到吸光度，大于 0.1nm 虽然可以测得吸光度，但是吸光度值会相应地降低。

下面介绍安杰科技的 AJ-2210 气相分子吸收光谱仪单色器波长的校正方法。光源使用空心阴极灯，尽管选用的波长都是灯的特征辐射波长，但因单色器波长不准，采用了用波长逐一进行校准的办法，克服了单色器波长存在的线性不良、重复性不好的缺点。

根据目前的需要，校正的波长有 6 个，这里只介绍气相分子吸收光谱法校正常用的 3 个波长：锌（Zn）空心阴极灯的 202.6nm、213.9nm 以及镉（Cd）空心阴极灯的 214.4nm。仪器测定成分列表中 Cu 324.7nm、Hg 253.7nm、Mg 285.2nm 波长的校准方法与 Zn、Cd 的波长校正方法相同，不再重复。

① 零级光栅的校准　在 AJ-2210 主机灯转盘的灯座上装上锌（Zn）空心阴极灯及镉（Cd）空心阴极灯。打开仪器后盖板，将右侧 CPU 板左上角 SW1 拨码器的 8 位钮全部拨至"ON"。打开电脑操作界面，点击【设置】→【维护】→【功能检查】出现图 4-27 的页面。

在【功能检查】栏目中双击钥匙图标，输入解锁密码——ajhbkj，单击【确认】完成解锁，至图 4-28 的页面。

完成解锁后，点击【波长初始化】，出现"当前波长初始化进行中"的蓝色字样，待"当前波长"及"0.00"变成红色时，初始化完成。

初始化完成后，打开单色器上盖，用一张名片挡住出射光狭缝区域，查看名片上竖着的条状零级光位置，应该在狭缝的左侧 1~2cm 比较合适，否则要松开光耦螺丝，向左或向右微微移动光耦位置，再点击【波长初始化】，查看竖着的零级光位置，使出射光在狭缝左侧约 2cm 处。若光的位置在右侧，距离出射狭缝较远，应将光耦向左移动，反之向右移动，直至零级光距离狭缝左侧约

2cm 位置，拧紧螺丝紧固光耦。

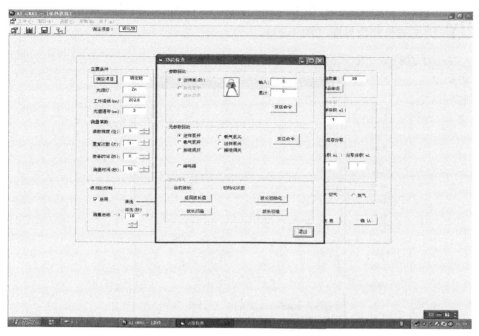

图 4-27　解锁前波长校准页面

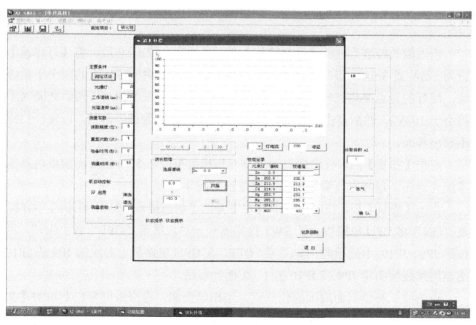

图 4-28　解锁后波长校准页面

点击【波长校准】，出现 "AJ GMAS" 栏目，点击其中的【确认】、点击【记录删除】，再点击【波长校准】，再次出现 "AJ GMAS" 栏目，点击其中的【确认】，仍在波长补偿界面（图4-29）。

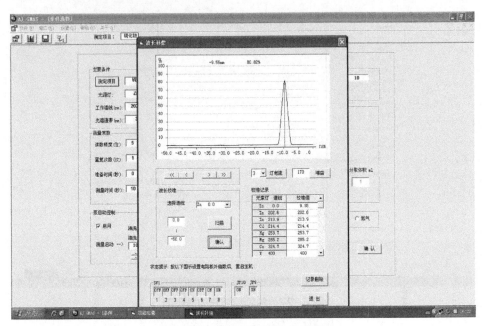

图 4-29   零级光谱的错位光谱峰

当"波长校准"栏的【选择谱线】默认为红色的 Zn 0.0 后，将【灯电流】设为 2mA 或 3mA，点击【灯电流】将灯点亮，仔细调节灯转盘的两个手柄螺丝，使灯的光点聚焦到狭缝中央，设置-HV（增益）在 100V～150V 之间（不得小于 100V），然后点击【增益】。但一般将增益设置到适当数值，以保证扫描不超出界面。

点击【扫描】后，仪器即自动扫描，扫描时可能在 5～15nm 出现单色器的零级光谱图，最高光能量实际偏离的波长见图4-29。

点击【确认】后，按照电脑屏幕左下侧的"状态提示" SW1 显示的 "OFF" 及 "ON" 将 CPU 电路板上的 SW1 拨码器一一对应拨至 "OFF" 或 "ON"，再按照 JP9、JP10 中显示的 "ON" 或 "OFF" 在 CPU 电路板上对应的 JP9 或 JP10 插座用跳线插头将 JP9 或 JP10 的 1、2 插针短路。

点击波长补偿页面周围的任一点，退出该页面，再点击屏幕左上角的【文件（F）】的"退出（X）"关闭页面，重启电脑，即保存记忆好了上述所校正的零级光波长。

② 测定项目波长的校正　重启电脑后，仍在【功能检查】栏目中双击钥匙图标，输入解锁密码，点击【确认】完成解锁至图4-28的页面，点击【波长初始化】完成，校准测定项目波长。

a. Zn 202.6nm 波长的校正　在"波长校准"栏的"选择谱线"中选择"Zn 202.6nm"，灯电流默认为5mA，点击【灯电流】将灯点亮，设置增益在210V❶左右，设置扫描波长范围为192～212nm，点击【增益】及【扫描】出现图4-30的扫描波形，在其右侧出现了很高的杂散峰。扫描完成后，点击【<<】及【<】使红线标尺左移，直到接近 202.6nm 的最高峰时，点击【<】及【>】，使红线光标落在最大能量的尖峰处，点击【确认】。实测最接近 202.6nm 的波长为196.5nm。

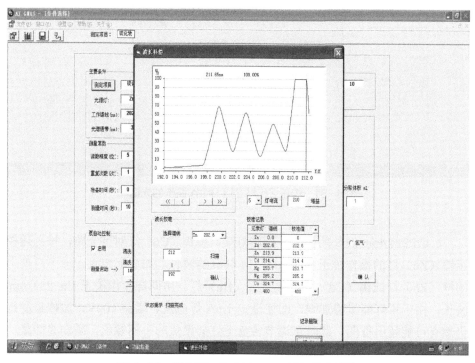

图4-30　校正 Zn 灯 202.6nm 波长的光谱峰

b. Zn 213.9nm 波长的校正　在"波长校准"栏的"选择谱线"中选择"Zn 213.9nm"，灯电流选择5mA并点亮灯，设置增益在200V左右，设置扫描波长

---

❶ 一般将增益设置至适当数值，以保证扫描不超出界面，全书同。

范围为 204～224nm，点击【增益】及【扫描】，扫描完成后，红线光标落在最大能量的尖峰处，点击【确认】。校正后的实际波长为 211.65nm，比理论值213.9nm 低了 2.25nm，见图 4-31。

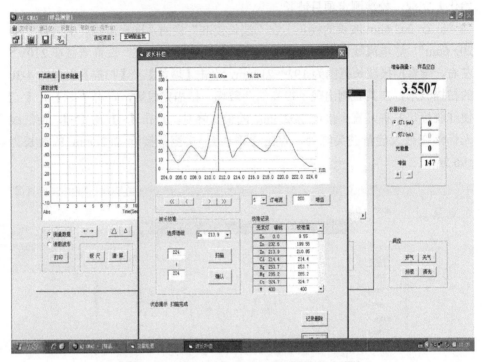

图 4-31　校正 Zn 灯 213.9nm 波长的光谱峰

　　c. Cd 214.4nm 波长的校正　旋转灯架，将镉（Cd）灯对准光路，按上述校正锌（Zn）灯的操作校正镉（Cd）214.4nm 的波长。如要测定汞，取下灯架上的锌（Zn）灯或镉（Cd）灯，装上汞（Hg）灯。用同样操作校正 Hg 253.7nm波长。由于汞灯能量特别强，即使设定 1mA 灯电流、增益 100V，波峰最高点仍然有可能超出框图。此时可调节转盘上灯架聚焦的手柄螺丝，减弱光能量，以避免校正的波峰最高点超出框图。

　　所要校正的波长全部校正完毕，点击波长补偿页面外的任一点，退出该页面，再点击屏幕左上的"文件（F）"的"退出（X）"关闭页面，重启电脑，即保存记忆好了上述所校正的波长。

　　③ 其它注意事项

　　a. 如要查看零级光栅的波长是否校准在 0.00nm 处，仍要在【功能检查】栏目中双击钥匙图标，输入解锁密码，点击【确认】完成解锁至图4-29的页面。点击【波长初始化】，出现"当前波长初始化进行中"的蓝色字。当"当前波长"及"0.00"变成红色时，初始化完成。设定灯电流为2mA并将灯点亮，增益设定约120V，波长扫描范围设为−50.0～0.0nm，点击【确认】及【扫描】，出现图4-32的页面，波峰从最高点的0nm波长下落至基线。之后才可以校正测量项目使用的波长。查看完毕即退回到其它的页面。绝对不可按照页面左下侧的"状态提示"将CPU电路板上的SW1再全部拨至"ON"！由于单色器的机械误差，波长可能不是准确无误地在0.00nm处，但是误差应≤0.1nm。

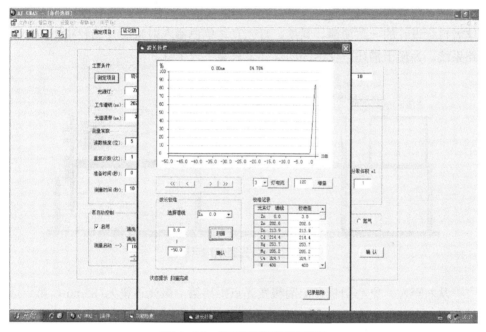

图4-32　校正后的零级光谱峰

b.输入解锁密码后，有时波长初始化无法进行，可重新输入密码解锁后，再进行波长初始化等操作。波长初始化时，如果电机只走动一两下，则需要再次点击波长初始化。

c.当窄带吸收的214.4nm波长低于理论值0.2nm，或者仪器受到撞击、震动时，可考虑重新进行波长校准。

d.更换了新的电脑，必须重新校正波长。

4.2.2.4　外光路系统

外光路是指从光源发出的光点到单色器狭缝的光程。如前所述，因为气体分子吸收远低于原子吸收,加之必须使用载气将分解出的气体分子载入吸光管,载气大大地稀释了气体导致气体分子的吸光度都比较低。所以作为测量吸光度的气相分子吸收光谱仪就需要有很高的检测灵敏度。检测灵敏度的高低很大程度上取决于光路系统,外光路系统的设计和装配,调试得好坏非常重要。因此必须注意以下几点。

(1)外光路的设计

外光路系统的设计与装配,一定要尽可能减少空心阴极灯发射光的损失。要做到这一点,除了要选用优质的单色器外,还要设计短程的直线外光路,以便减小光在传输过程中由于反射、衍射和散射造成的损耗。图 4-33 的外光路是笔者自行设计的一款简捷、紧凑,灯光直达单色器入射狭缝且比较实用的外光路系统。为便于描述,仪器的四灯架上只装了一个灯。

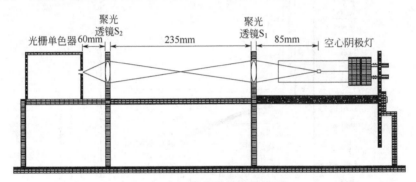

图 4-33　外光路结构示意图

从右至左,空心阴极灯的阴极发光点距离第一聚光透镜为 85mm,第一透镜与第二透镜区间为 235mm,第二透镜距离单色器入射狭缝 60mm。经第一透镜聚光后在两透镜中央点成实像,经第二透镜聚焦,射入单色器狭缝的光斑直径为 3～5mm,不仅要保证光斑的大小,而且照射到狭缝上的光斑要明亮、清晰、色度均匀。两透镜间的距离由吸光管的长度决定。吸光管的长度决定了外光路的长度,要得到较高的吸光度而又不使光路太长,吸光管的长度在 200mm 时两透镜距离应不小于 230mm。

外光路中第二透镜聚焦的光进入单色器,直达第一准光镜的光斑要落在第一准光镜面中央,接受到的光面积至少能充满镜面的 2/3,光亮度要强。要达到这样的效果,必须设计出焦距合适的第二透镜。

为了提高灯光强度,灯转盘上加装了一颗固定螺钉和两颗手柄的螺丝(仔细观看图 4-33 右侧灯架)。当灯转盘自动将工作灯对准光路,灯光聚焦在狭缝,仪器显示出一定的光能量后，再手动微调两颗手柄螺丝，使光能量最大（吸光度最小）。微调两颗螺丝时，观察吸光度值的变化或仪器基线的波动，可更容易使负高压最低而得到最大光能量。

这里之所以提倡三维聚焦灯光，是为了达到气相分子吸收光谱法对仪器所要求的稳定性和更高的信噪比。笔者几十年来设计组装的气相分子吸收光谱仪，都具备这种三维聚焦的功能。

（2）空心阴极灯的三维聚焦

空心阴极灯的结构比较复杂，工艺要求高。同一厂家制作的灯，其发光点至灯管窗玻璃的垂直度很难一致地保持在准确的 90°。垂直度的小小偏差，都会使灯光通过两个聚光透镜和吸光管两端的石英窗时发生光的多次折射，使得聚光到单色器狭缝的光斑位置发生偏移，得不到应有的高光能量。

对于气相分子吸收光谱仪或者原子吸收分光光度计来说，如只采用电机驱动灯架聚光，无论怎样微动灯架，光都是平行的，平行的微调改变不了光线的角度，不可能将所用灯的灯光准确聚焦于狭缝，达到最大光能量。为此笔者特意在气相分子吸收光谱仪的灯架上设计加装了三维聚焦装置。以手动微调的方法调节灯转盘上灯座的角度，可以方便地将灯架上的工作灯光准确地聚焦到狭缝，将灯光照射到第一球面准光镜的最佳位置，使光电倍增管输出最大的光能量。

笔者通过试验，发现采用和不采用三维聚焦，得到的光能量相差是比较大的。以河北衡水宁强光源有限公司生产的锌（Zn）空心阴极灯为例，灯电流 5mA、负高压 236V 的条件下，测定了三维聚焦前后的光能量（T），见表 4-1。

表 4-1　三维聚焦前后锌（Zn）空心阴极灯光能量的对比

灯号	1	2	3	4	5	6	7	8
三维聚焦前光能量 T/%	56	6	89	65	80	14	29	99
三维聚焦后光能量 T/%	97	94	100	118	101	95	93	107

由表 4-1 可见，经过三维聚焦后，表中 8 个灯的光能量都接近甚至超过 100%。2 号灯聚焦前的光能量只有 6%，观察到其发射光聚焦的光斑明显偏离了狭缝。经过三维聚焦后，其光能量竟然能达到 94%，此时只要将负高压提高 3V，光能量即可达到 100%。聚焦后超过了 100% 光能量的 4 号及 8 号灯可适当降低负高压，更有利于仪器的稳定。

通过试验，说明同一厂家或不同厂家生产的空心阴极灯发光的垂直度存在很大差异，唯有三维聚焦方能将最大光强度的光照射到光电倍增管，提高仪器信噪比，使仪器更加稳定。

加装三维聚焦的做法是，在灯转盘装上一个定位螺丝，再装上两个可调节距离的手柄螺丝。聚焦时只要调节两个手柄螺丝，使空心阴极灯照射到狭缝的光斑可以 360° 旋转，灯光通过第二透镜聚焦的光斑进入狭缝，照射到单色器第一球面准光镜的最佳位置。最终达到使用小的灯电流、低的负高压，达到最大光能量。

表 4-1 说明，聚焦前，由于不同空心阴极灯窗的垂直度有差别，灯的发光点通过灯窗后光线的角度不同，致使发射光线的平行度有较大差异。要使每一个灯都能达到 100%光能量，不进行三维聚焦则势必要加大光电倍增管的负高压，或者使用大电流。这便影响了仪器的稳定性。

使用三维聚焦可方便地使光能量达到最大，就可以使用较小的灯电流和较低的光电倍增管负高压。光电倍增管接收到较大的光强度，就可以在较低的负高压下输出低噪声的大电流，使前置放大器得到高信噪比的输入信号。高信噪比的信号有利于前置放大器输出稳定的低噪声信号，使后级的直流放大器输出信号容易稳定。那么，整机仪器的稳定性和信噪比也就都会得到提高。

这里之所以提倡三维聚焦灯光，是为了达到气相分子吸收光谱法对仪器的稳定性和更高信噪比的要求，也是笔者二十年来设计组装气相分子吸收光谱仪过程中，使仪器更加稳定的秘诀所在。

在设计制作气相分子吸收光谱仪时，应在灯室装有开关方便的活门，可方便地调节两个手柄螺丝聚焦灯光，并可方便地擦洗灯窗、吸光管两端的石英窗玻璃以及透镜，始终令它们保持良好的透明状态。

（3）吸光管及管架

吸光管的材质、规格、形状以及装配工艺也是外光路很重要的一环。气相分子吸收光谱法目前测定成分大都在 200nm 波长附近，使用的吸光管是用 GG-17 料硬质玻璃制成的，在保证吸光管两侧端口垂直的情况下，两端粘接上 JGS-1 的石英玻璃窗片，使光能量的减弱小于 30%。吸光管装在可水平旋转微调的管架上（图 4-34），安装在光路中，使其与光轴高度一致。以 5mA 灯电流点燃阴极灯后，旋转微调吸光管架的角度，使吸光管与光轴平行。一般情况下，光能量 100% 时，−HV 大多在 230V 左右。用手柄螺丝锁定管架后，微调三维聚焦的两个手柄螺丝；同样是 100%的光能量，由于三维聚焦，负高压得以降低，光电倍增管的噪声也就会降低，仪器就会更加稳定。

吸光管外形有直筒形和双锥形两种。双锥形两侧端口外径为 18mm，中间最细处内径约 5mm。由于吸光管局部气体密度的提高，使用双锥形管的吸光度约高于直筒形的 30%。曾有分析者建议使用全直筒形、内径较细的 5mm 吸光管，以便使测量气体快速到达吸光管，缩短测量时间，提高吸光度。试验证明，与双锥形管相比，全直筒形管不但未缩短测量时间和提高吸光度，反而降低了透光度。

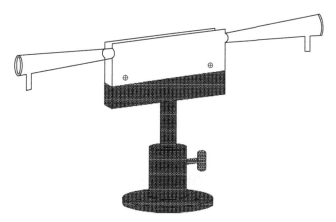

图 4-34　吸光管与管架图

4.2.2.5　电子检测系统

（1）光电转换

常用的光电转换元件有光电倍增管、光电池、光电管等器件。前面已经说到，为了达到气相分子吸收光谱法对仪器所要求的高信噪比和稳定性，气相分子吸收光谱仪目前的光电转换器件是光电倍增管。光电倍增管有较高的量子化效率和较低的噪声。

光电倍增管是一种外光电效应和多级二次发射体相结合的器件，外形尺寸如图 4-35。它的工作原理是在其阴极与阳极之间施加直流高电压，将阳极接地，阴极接于高压电源的负端，也因此称为负高压。

（2）光电转换原理

图 4-36 中，K 为光阴极，DY_1、DY_2、DY_3、……、DY_n 称为打拿级，是电子的二次发射极，当光子照射在阴极 K 上时，因光电效应，从光阴极表面逸出相应数目的光电子。由于相邻极间电压逐极增高，在电场的作用下，电子被加速轰击到第一打拿极 DY_1 上，发射出成倍的二次电子，继而它又轰击第二打拿极 DY_2，电子依次逐级倍增至 DY_n，以此集聚到阳极的电子数可达阴极发射电子数的 $10^5 \sim 10^7$ 倍。

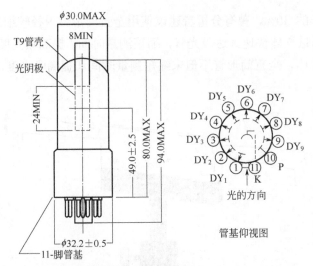

图4-35 侧窗式光电倍增管外形尺寸（单位：mm）

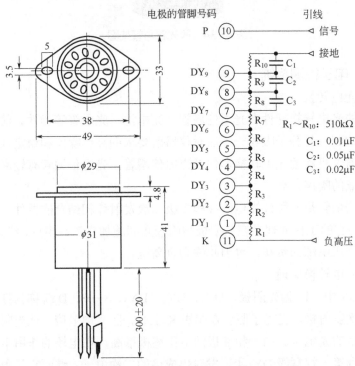

图4-36 光电倍增管分压电路示意图（单位：mm）

光电倍增管的放大倍数与光阴极和打拿极材质及打拿极的级数有关，放大倍数以下式表示。

$$M = I/i = \sigma^n \qquad (4\text{-}15)$$

式中，M 为放大倍数；I 为阳极电流；i 为光阴极电流；σ 为二次发射系数；n 为打拿极的级数。在一定的外加电压作用下，光电倍增管单位光辐射产生的阳极输出电流称为光电倍增管的灵敏度，它随外加负高压电源大小而改变。单位光辐射在阴极上产生的电流大小称为阴极灵敏度，它与阴极材料有关。

光电倍增管的光电转换效率，依据波长的不同有明显的区别，适用的波长范围与阴极的光敏材质有关。侧窗式光电倍增管光阴极上涂敷了 Ga-As 的光敏材料，在广泛的波长范围内都有较强的灵敏度（图 4-37），与之适合的有滨松的 R928、R456 和 R446 光电倍增管；涂敷了 Sb-K-Na-Cs 光敏材料的光电倍增管响应波长为 185～650nm，峰值波长为 250nm，适合气相分子吸收光谱法现阶段使用的波长在 200～500nm 范围，这种光电倍增管的型号有北京滨松早期的 R212 和现在的 CR316、CR317 和 CR293 型。R212 型光电倍增管在近 250nm 波长处量子效率达 20%，见图 4-38。

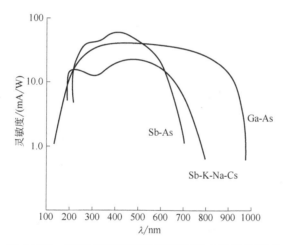

图 4-37　侧窗式光电倍增管光谱灵敏度特性曲线图

光电倍增管还有一个重要的特性，就是它的暗电流。暗电流指的是在没有光照时，光电倍增管也有微小的输出电流。该电流对于微弱光信号的检测是有干扰的，主要是由光阴极和打拿极的热电子发射以及管内和管壳的漏电引起的热电子辐射引起的。在负高压较高时，随着温度的升高而增加。一般可用调制光源、同步检波和交流放大的办法来降低暗电流。暗电流越小，光电倍增管的质量越好。

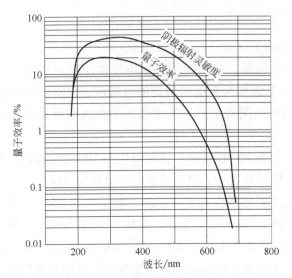

图 4-38 R212 光电倍增管的量子效率图

（3）光电倍增管的使用

光电倍增管施加的负高压稳定度应不低于 0.01%。新的光电倍增管开始工作时，灵敏度稍低，但很快趋于稳定。稳定工作时间的长短与光照强度和非信号光的进入有关，另外，处于长期过高的增益（负高压）也会使光电倍增管疲劳而不稳定。一般认为光电倍增管的供电电压在-200～-600V 较好。但笔者的数十年经验证明，光电倍增管的负高压宜小于 400V。此时可以使整机仪器的稳定性和信噪比显著提高。这是因为较低的负高压虽然使光信号转换成的电流信号较小，但是低电压供电，光电倍增管的暗电流特别是噪声也小，可以使光电倍增管输出高信噪比的电流信号。这样的信号输入到前置交流放大器时，即使放大倍数大一些，信号噪声也不会很大。当今集成电路迅速发展，使用低噪声高阻抗的器件可以使放大器放大上百倍乃至上千倍。所以只要得到信噪比高的信号，即使信号比较小，通过前置放大器的放大，也能得到信噪比较高的输出信号。

（4）前置放大器

光信号虽然经过光电倍增管的放大，但是输出的信号仍然比较弱，因此必须进行放大。与光电倍增管输出紧密相连的是前置放大器。

前置放大器是一个输入阻抗高和输出阻抗低的放大器，是一个与光电倍增管的输出阻抗相匹配的电路。前置放大器的电路有许多种。图 4-39 所示是典型的常规前置放大器。该电路采用低噪声高阻抗的 OP07 或 FL411 集成元件组成

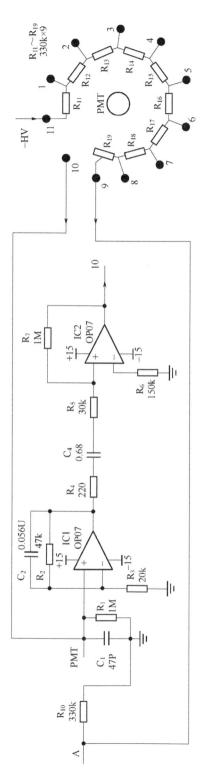

图 4-39 前置放大器电路原理图

两级放大器。它的取样输入电阻 R_1 的阻值很重要，一般使用 1MΩ。当提高输入阻抗加大该电阻时，放大器灵敏度增高，可获得较大输出信号，但是输出信号噪声也伴随着增大，反之，R_1 减小时，输出信号虽小，但噪声也小。实践证明，既可得到较大信号又不加大噪声的电阻值为 1MΩ。

前置放大器采用两级放大，相比于一级放大，要容易得到稳定的、噪声较小的放大信号。在组装调节此电路时，第一级放大器 OP07 的反馈电阻与电容 C_2 并联时，整机的输出信号会显著降低。其原因是电容 C_2 与电阻 R_2 并联，C_2 导通了脉冲信号，起到了负反馈的作用，降低了 IC1 放大器的输出信号，电容 C_2 的消噪并不明显，而放大器的放大倍数倒是降低得很明显。因此，这里不一定要加电容消噪，也可以加一个较小的电容。

（5）电子放大系统

信号放大系统是由直流放大器、同步解调器、对数转换电路等组成。图 4-40 是早期 AJ 系列气相分子吸收光谱仪采用的同向检波的直流放大电路。用 MAX319 集成元件同步检出脉冲点灯时段的信号，检出的信号经过滤波成为纹波较小的直流信号，送入直流放大器 IC2，放大到逾期的电信号后进入 A/D 转换电路。

从整体放大器考虑，前置放大器输出的脉冲信号，经同步解调成为直流信号后，为了降低信号噪声应增加一级直流放大器进行消噪。在解调信号通过直流放大器 IC2 之前，试验改变 C_{15}、C_{16} 以及 IC2 的 C_{17} 滤波电容，得到信噪比高且更加稳定的直流信号再进行 A/D 转换。

图 4-40 的电路是典型的直流放大电路。MAX319 同步解调出的信号，经过滤波得到平滑、纹波小的直流信号。电路中 R_2 与 C_{15} 及 C_{16} 组成了桥式滤波电路，其中 R_2 与 C_{16} 构成时间常数较小的滤波电路。在原子吸收分光光度计上，为了及时响应石墨炉瞬间原子化的基态原子吸收信号，这种响应快速的滤波电路是合适的。气相分子吸收光谱法产生的吸收信号缓慢，可以适当加大电容 C_{15} 至 $1\sim2\mu F$，C_{16} 电容可加大到 $4.7\mu F$。

（6）电子检测系统和降噪

① 选择电子原器件降噪　对于电子系统采用的集成电路、运算放大器的器件，要求输入电流和偏置电流的噪声都要尽量小；电容尽量使用无极性 CBB 材质的，有极性的最好用钽电容，需较大容量时可使用电解电容。用在低频率电路中阻值小的电阻，最好使用线绕式的，频率高时就用金属膜的。

② 良好的供电电源　电路供电的电源噪声是不可小觑的，对气相分子吸收光谱仪，最好采用线性电源变压器制作稳压电源，而不是开关电源。线性电源

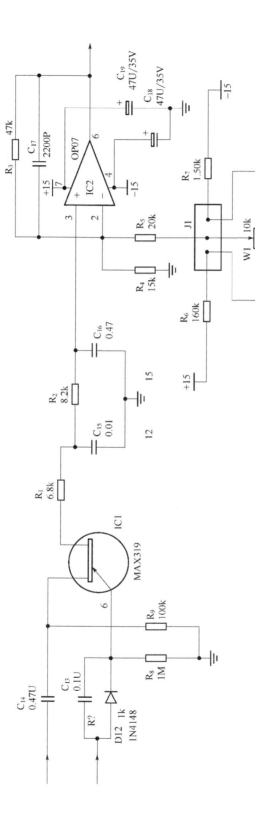

图 4-40 同步解调与直流放大电路图

的噪声可以做得小到几纳伏，是开关电源做不到的。线性电源对低频噪声的抑制效果较好，对高频噪声的抑制可以引入 R_C、L_C 共模滤波等加以解决。气相分子吸收光谱仪对仪器的信噪比要求很高，要使仪器稳定、信噪比高，主电路供电的稳压电源最好采用线性电源变压器制作。

③ 直流放大器的消噪　气相分子吸收光谱法的吸收信号是缓慢地产生的，尤其是连续进样的测量方式，信号的产生和累积更是缓慢。实践证明，为了提高信噪比，只要缓慢增加的信号不衰减，滤波电路的时间常数可以大一点。图 4-40 电路中 C_{15} 加大到 $2\mu F$，C_{16} 加大到 $4.7\mu F$ 时，仪器噪声降到极致，吸光度降低了约 6%。所以要综合考虑，使用大小合适的电容。C_{15} 最好使用稳定性好、漏电流小的钽电容。IC2 放大器的消噪电容 C_{17} 加大到 $0.1\mu F$ 也是可行的。这样会更容易得到噪声小、稳定性高的放大信号。

④ 降低电路环路噪声　电路的布局和走线要充分考虑电流的流向，尽量避免电流从信号输入端的地线流过。建议电源电流以节点的形式，单独引到一个不敏感的参考点。输入信号线尽量做得短一些，如果比较长的话，必须使用良好的屏蔽线，环绕至引出端接地。

⑤ 电子放大器的接地　电子放大器的接地是十分重要的，特别是接地点的选择，根据笔者几十年的实践，接地点最好接在直流电源的大电容滤波器的接地端，与电源变压器主次极屏蔽隔离线以及 220V 的电源地线，三者汇聚于一点，通过导线固定在整机电路板的金属底盘上，消除噪声和纹波效果明显。

综上所述，要得到适应气相分子吸收光谱法所要求的高稳定性、高灵敏度、低噪声的仪器，首先必须要充分利用好光源的光能量，从内、外光路方面减少光能量的损失；其次，电子系统中放大电信号的电子电路能保证输出信号的稳定和低噪声，就能得到如图 4-43～图 4-45 所示的技术指标。

4.2.2.6　测量系统

气相分子吸收光谱仪的测量系统包括蠕动泵自动进样、流量控制、温度控制、均质搅拌、气液分离、气体除湿等部件。

（1）蠕动泵自动进样器

自动化仪器的进样由进样盘和蠕动泵完成。将绘制标准曲线的试管和测定水样的试管按进样盘管的顺序号放入进样盘的管孔中。一键启动后，通过进样针插入吸取水样，其余泵管各自同时或分步吸取试剂及载流液，各路液体汇合，伴随着载气，通过化学反应产生测量气体，由载气载入吸光管测量吸光度。

采用定时定量进样方式时，在测定 NO_3^--N、TN 及 NH_3-N 时，水样及载流液需要加热。这时需要注意的是要精确控制进样时间，只能将加热管路（图4-41）A→B 段中的水样和试剂通过气液分离器，将测量气体载入吸光管测定吸光度，要保证 A→B 段中的水样参与测量，就必须把握好 A→B 段的液体载入反应器的时间，使 NO_3^--N 的还原和 NH_3-N 的氧化过程反应完全。

连续进样方式不存在 A→B 段的液体加热的问题，只要水样连续不断地通过加热器就可以了。

（2）流量控制

水样、试剂、载流液的流量可由蠕动泵管的内径控制，也可由蠕动泵的转速控制。特别是用一点定标绘制标准曲线时，添加标准液体积由低到高，空白水体积由高到低。因此需要改变各自蠕动泵的转速控制流量。采用连续进样方式，进样量约 10mL/min，载气流量 0.1L/min，出峰速度较慢，耗液量大。若加大气流量，可提高出峰速度，但是对于 NH_3-N 的测定，出峰快时，吸收波形达到最高峰的平台会不平直，所以载气流量不能过大。

（3）温度控制

测定 NO_3^--N 和 TN 时，$TiCl_3$ 瞬间还原分解硝酸盐生成 NO，需要（70±2）℃；测定 NH_3-N 时，用 NaBrO 氧化铵盐生成亚硝酸盐，常温（25℃）至少需要 15min。自动化仪器连续不断地进行氧化，因此必须加热水样至（80±2）℃再与常温的 NaBrO 氧化剂反应，温度都要精确稳定。

（4）均质搅拌

气相分子吸收光谱法的一大优点，就是可以免受水样中的浑浊和沉淀物的干扰，特别是可以直接测定硫化锌沉淀的硫化物水样。但是用蠕动泵管吸取含有浑浊和沉淀物（ZnS）的水样，都必须搅拌均匀后立即取样。如将上述水样混匀倒入小烧杯，用搅拌器边搅拌边吸取应是一种好办法。但是无法将小烧杯放在进样盘上。因此，气相分子吸收光谱仪的进样针就加装了吹气搅拌装置，连同吹气管一同插入试管，边吹气搅拌边进样。吹气搅拌装置有两种结构：

① 套管吹气搅拌　采用内径不同的 304 不锈钢管，进样管直径 2.0mm，外套管直径 4.0mm。进样时，外管先吹气搅拌，内管再开始吸样。

② 双管并列吹气搅拌　将两根聚四氟乙烯管并列粘连在一起，进样时，一管先行吹气搅拌，另一管再吸样。聚四氟乙烯管不易挂壁沾污，水样相互之间影响较小。

（5）气液分离

气液分离装置是气相分子吸收光谱仪的核心部件。经典仪器的装置如图

5-1、图 5-3、图 5-13,自动化仪器使用的装置如图 5-5、图 5-15、图 5-24,各图中模块 7 均是气液分离瓶。图 4-41 是比较复杂的测定 NH_3-N 的气液分离装置示意图。进样部分用了 3 台蠕动泵和 3 只 Y 形三通接头。

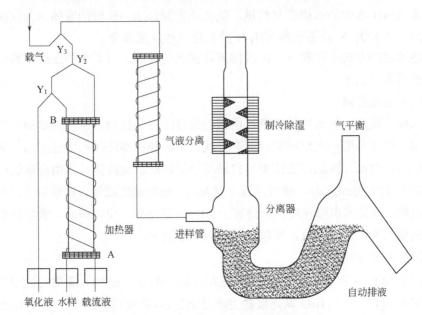

图 4-41 测定氨氮的气液分离装置示意图

（6）气体除湿

气相分子吸收光谱法测量的气体都是通过化学反应,先从水样溶液中分离挥发到气相,再测定其吸光度。由于气体分子中携带的水分也会产生相应的吸收,使测定结果偏高,影响测定结果的稳定性,尤其影响低含量水样的测定,所以必须要进行气体水分的去除。早期的经典仪器是在气路中串联一个内装干燥剂的除湿管除去水分,后来,均采用了半导体器件制冷除湿装置（特别是自动化仪器）。相比于干燥管除湿,虽然装置比较复杂,但是一劳永逸,不用像除湿管那样频繁地更换干燥剂。

以测定 NH_3-N 的除湿为例,测量时,三个蠕动泵同时启动,加热的水样通过 Y_1 先与 NaBrO 氧化剂汇合、反应,水样中的 NH_3-N 被氧化生成了 NO_2^--N,随后通过 Y_2 与载流液汇合、反应。在进入气液分离盘管（反应圈）的同时引进载气,在载气的作用下,分离盘管中便产生了 NO_2。NO_2 进入分离器,流经上部通过制冷除湿,进入吸光管测定吸光度,分离的液体从分离器自动排出。

4.3 仪器性能与技术指标的考核

在对仪器光源、单色器及外光路系统、电子检测系统、气液分离吸收的测量系统等进行精心装配和调试后，作为商品仪器，在销售之前必须严格进行一系列技术指标的测试。

4.3.1 仪器的静态测试

4.3.1.1 仪器的基线漂移与噪声

将仪器吸光度量程由 2 扩展至 0.04，仪器灵敏度提高 50 倍。测定仪器光能量 100% 时，仪器的静态基线漂移与基线噪声测试结果如图 4-42。

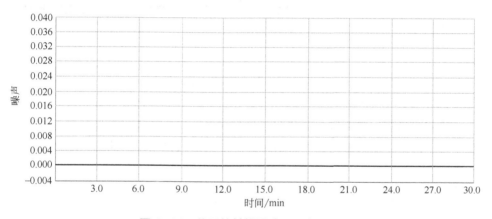

图 4-42　仪器的基线漂移及噪声记录图

图 4-42 是采用锌（Zn）空心阴极灯光源，灯电流 5mA，波长 213.9nm，光电倍增管施加 185V 的负高压，灯预热 2h，连续测量 30min 得到的基线漂移和噪声的扫描记录图。除了在开始扫描 2min 之内出现了约 0.0001 的噪声，其后至 30min 期间，看不出基线有明显的噪声，也观察不出基线的漂移是多少。

4.3.1.2 仪器的静态测试指标

用锌（Zn）空心阴极灯光源，灯电流 5mA，负高压 206V，于 213.9nm 波长，将灯预热 2h 后，按图 5-5 的装置，连续空测 10 次，得到的空测吸光度数据见图 4-43，10 次测量值的误差为万分之一。标准偏差 $S_b = 0.0000$。

仪器空测数据的稳定性反映的是仪器在 213.9nm 处，仪器的光度稳定性和信噪比以及电子系统的稳定性和噪声。锌（Zn）灯 213.9nm 波长的光能量是比较强的，光电倍增管能接受到较强的光照度，因此不需要施加很高的电压，光电倍增管的噪声就会比较小，在这种情况下，经前置放大器得到的就会是方方正正很干净的脉冲信号。这样的脉冲信号，即使前置放大倍数较大，通过解调滤波，得到的直流信号也很干净。这或许就是静态空测吸光度稳定和噪声小的原因所在。

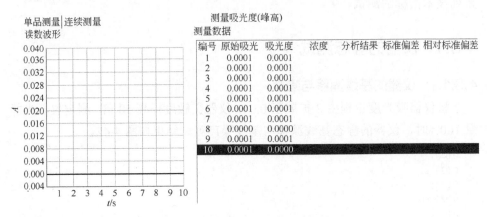

图 4-43　仪器静态噪声测定数据

通过仪器的静态测试，证明仪器的光源灯、光电转换器件以及电子放大系统工作正常，仪器状态良好。在这种情况下就可以进行仪器的动态测试了。

4.3.2　仪器的动态测试

4.3.2.1　空白水样的测定

图 4-44 是用经典仪器按图 5-5 的装置，连续测定 11 次 NO_2^--N 空白水样得

编号	原始吸光度	吸光度	含量	分析结果	标准偏差	相对标准偏差
	0.0006					
	0.0006					
	0.0006					
	0.0008					
	0.0006					
	0.0006					
	0.0008					
	0.0006					
	0.0006					
	0.0006					
	0.0006					
1	0.0006	0.0006			0.0001	13.33%

图 4-44　空白标准液的测试数据

到的吸光度数据，11个数据最小值0.0006，最大值0.0008。经计算，11次测定值的实际标准偏差 S_b=0.00008。

4.3.2.2 标准曲线的绘制

用 NO_2^--N 浓度为 0.00μg/mL、0.10μg/mL、0.20μg/mL、0.30μg/mL、0.40μg/mL、0.50μg/mL 的6点标准溶液绘制标准曲线，考核了标准曲线的相关性和各标准点吸光度与浓度的关系，结果良好。

图4-45曲线的相关系数 $r=0.9999$，斜率 $k=0.1317$，截距 $b=-0.0001$，说明曲线的线性误差远远小于4%，符合要求。

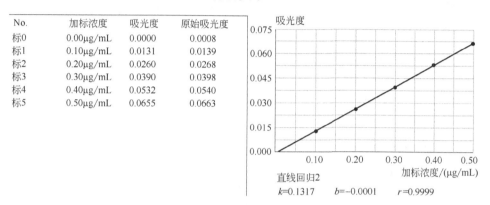

No.	加标浓度	吸光度	原始吸光度
标0	0.00μg/mL	0.0000	0.0008
标1	0.10μg/mL	0.0131	0.0139
标2	0.20μg/mL	0.0260	0.0268
标3	0.30μg/mL	0.0390	0.0398
标4	0.40μg/mL	0.0532	0.0540
标5	0.50μg/mL	0.0655	0.0663

直线回归2
k=0.1317 b=−0.0001 r=0.9999

图4-45 NO_2^--N标准曲线

4.3.2.3 曲线点浓度的回测

回测曲线点浓度是考察判定标准曲线可否应用的方法之一。将图4-45标准曲线的各标准液当作样品回测吸光度，通过曲线计算的浓度与曲线点浓度非常一致，见图4-46。

测量浓度(峰高)　　　　　直线回归2

测量数据　　　　　　　　　　　　　　计算结果

编号	原始吸光	吸光度	浓度	分析结果	标准偏差	相对标准偏差
空白	0.0008	0.0000	0.0000μg/mL	0.0000μg/mL		
1	0.0140	0.0132	0.1003μg/mL	0.1003μg/mL		
2	0.0270	0.0262	0.1990μg/mL	0.1990μg/mL		
3	0.0403	0.0395	0.3000μg/mL	0.3000μg/mL		
4	0.0539	0.0531	0.4033μg/mL	0.4033μg/mL		
5	0.0665	0.0657	0.4990μg/mL	0.4990μg/mL		

图4-46 回测的NO_2^--N标准液浓度

说明图 4-45 标准曲线的线性误差远远小于上海市企业标准 Q/S GLF 1—2003 的规定值±3%，曲线是可用的。

4.3.2.4　检出限

根据国际纯粹与应用化学联合会（IUPAC）对检出限（D.L）做出的规定：

$$检出限 = 3S_b/k$$

用图4-45标准曲线斜率k=0.1317及图4-44的空白水样标准偏差S_b=0.00008计算仪器及方法的检出限。检出限 $= 3S_b/k = 3 × 0.00008 ÷ 0.1317 = 0.0018mg/L$。这个检出限可以证明仪器的信噪比和稳定性是很高的。

4.3.2.5　NO 标准气体的测定

使用镉（Cd）空心阴极灯光源，灯电流 5mA，负高压 205V，于 214.4nm 波长进行测定。测定浓度为 179μmol/moL 的 NO 标准气体，将钢瓶打开，调节钢瓶二次减压阀，通过流量计控制流量，测定的吸收峰值见图4-47，峰值的高度一致性很好。

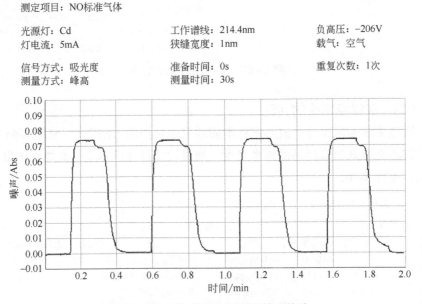

测定项目：NO标准气体

光源灯：Cd	工作谱线：214.4nm	负高压：–206V
灯电流：5mA	狭缝宽度：1nm	载气：空气
信号方式：吸光度	准备时间：0s	重复次数：1次
测量方式：峰高	测量时间：30s	

图 4-47　NO 标准气体平稳的吸收峰

4.3.2.6　NO 标准气体吸光度值的相对标准偏差

将装有 179μmol/moL 的 NO 标准气体的钢瓶打开，调节钢瓶二次压力阀，通过流量计控制流量 0.3L/min。以高纯氮气为参比，测定 7 次 179μmol/moL

的 NO 标准气体的吸光度，检验仪器测定数据的相对标准偏差，测试数据见图 4-48。

测定项目：NO标准气体

光源灯：Cd   工作谱线：214.4nm   负高压：–205V
灯电流：5mA   狭缝宽度：1nm   载气：空气

信号方式：吸光度   准备时间：0s   重复次数：6次
测量方式：积分   测量时间：10s

No.	浓度	吸光度	标准偏差	相对标准偏差
		0.0742		
		0.0744		
		0.0744		
		0.0741		
		0.0742		
		0.0742		
0		0.0743	0.0001	0.16%

图 4-48 NO 标准气体吸光度的相对标准偏差

7 次测定值的相对标准偏差为 0.16%。图 4-47 及图 4-48 数据的稳定性、重复性是优良的，反映了仪器的光学系统、电子放大系统以及测量系统的性能，检验了仪器的稳定性和重复性，也进一步验证了测定 NO_3^--N 和 TN 时所分解出的气体就是 NO。

4.3.2.7 室内空气中氮氧化物 NO_x 的测定

为考核气相分子吸收光谱仪实际测定的灵敏度和重复性。笔者在距离宝钢高炉炼铁厂约 500m 的宝钢环境监测站的实验室，用气相分子吸收光谱仪测定了实验室内空气中 NO_x 的吸光度，见图 4-49。

测定项目：NO_x

光源灯：Cd   工作谱线：214.4nm   负高压：–202V
灯电流：5mA   狭缝宽度：1nm   载气：空气

信号方式：吸光度   准备时间：0s   重复次数：6次
测量方式：积分   测量时间：10s

No.	浓度	吸光度	标准偏差	相对标准偏差
		0.0010		
		0.0010		
		0.0009		
		0.0009		
		0.0009		
		0.0009		
0		0.0009	0.0001	5.38%

图 4-49 室内空气中 NO_x 重复测定的吸光度

该实验室内有一台分光光度计、少量的盐酸和柠檬酸，除此之外就是笔者使用的一台 AJ-2100 气相分子吸收光谱仪和配套的电脑。测量过程中没有其它人员进出。

　　测定时采用镉（Cd）空心阴极灯的 214.4nm 波长，氮气为载气，为避免室内空气中可能存在的 H_2S 干扰，在气路的吸光管前端串接了一个装有乙酸铅棉花的除硫管，将 H_2S 固化成 ZnS 沉淀而锁住。

　　测定方法是通过玻璃三通活塞，先将活塞转入氮气，净化气液分离吸收装置，待仪器回零，再将活塞转向已经开启的空气隔膜泵的气路，将室内空气载入吸光管测定吸光度数秒后再将活塞转向氮气。连续测定 7 次，仪器自动计算出吸光度值的标准偏差为 0.0001，相对标准偏差为 5.38%。图 4-49 的数据证明，仪器能够稳定可靠地测定实验室内低至 0.0009 的氮氧化物气体（NO_x）的吸光度。

第**5**章

气相分子吸收光谱分析的应用方法

以下介绍的方法被编入了《水和废水监测分析方法》（第四版），并于 2005 年颁布成为国家环保行业标准方法（HJ/T 195—2005 至 HJ/T 200—2005）。

5.1　NO_2^--N的测定

NO_2^--N 是氮素循环体系的中间产物。亚硝酸盐在水系中不够稳定，当水中含有氧气，在微生物的作用下可被氧化成硝酸盐，在缺氧或无氧的环境中又可被还原成氨。

水中亚硝酸盐主要来源于生活污水中含氮有机物的分解。为了防止腐蚀，工厂冷循环水的管道水中加有大量亚硝酸盐；施用化肥、酸洗、农田排水等过程中也都有亚硝酸盐带入水体。

测定 NO_2^--N 的方法有多种，标准方法有 Cresser 与 Cresser-Saltzman 分光光度法，还有电化学法、气相色谱法、高效液相色谱法、化学发光法、荧光光度法以及离子色谱法等。常用方法为分光光度法和离子色谱法。

本书介绍的测定方法是笔者的发明专利方法，是在 HCl 介质中，在催化剂的作用下，使 NO_2^- 瞬间分解出氮氧化物气体。在酸性介质（无机酸及有机酸）中加入少量无水乙醇，即可使 NO_2^- 瞬间分解成 NO_2+NO。NO 极不稳定，继而被氧化成 NO_2。

NO_2 在光的照射下，发生振动和转动产生了宽带吸收光谱。有别于 Cresser 法，试验证实，NO_2 在近紫外 200～300nm 的光谱区域具有强烈的吸收。吸收光的强度与 NO_2^- 浓度成线性关系，从而建立了以气相分子吸收光谱原理测定

NO_2^--N 的发明专利方法。

在当时没有专用仪器的情况下，设计了图 5-1 的气液分离吸收装置，与 AA-8500 原子吸收分光光度计进行联机，在仪器火焰原子化器上安装石英玻璃窗的吸光管，对方法进行深入的探讨和研究。证实在 HCl、H_2SO_4、H_3PO_4、柠檬酸、草酸、水杨酸等酸性介质中可用催化剂将 NO_2^- 瞬间分解成 NO_2。可用的催化剂除乙醇外，还有甲醇、甲醛以及丙三醇，它们都可以催化 NO_2^- 瞬间分解。由于甲醇、甲醛毒性大，丙三醇使用不方便，最终选择了无毒害的、廉价的无水乙醇作为测定 NO_2^--N 的催化剂。

5.1.1　方法原理

在 0.15～0.3mol/L 柠檬酸介质中，加入 10%无水乙醇为催化剂，将 NO_2^- 瞬间分解成 NO_2，用空气将其载入气相分子吸收光谱仪的吸光管中，在锌（Zn）空心阴极灯的 213.9nm 波长处测定吸光度，NO_2 的吸光度与 NO_2^--N 的浓度符合比尔定律。

5.1.2　适用范围

在 Zn 空心阴极灯 213.9nm 波长测定时，方法检出限为 0.003mg/L，测定下限 0.01mg/L；在 Mg 灯 285.2nm 波长测定，上限可达百余毫克/升。

方法适用于地表水、地下水、海水等自然水体及生活饮用水和某些废水中 NO_2^--N 的测定。

5.1.3　干扰及其消除

气相分子吸收光谱法是将测定成分通过简单的化学反应，分解成 NO_2 转入气相测定吸光度，因而不受水样颜色的影响。对于含有浑浊物质的水样，由于浑浊物不会挥发至气相，所以不管含量多寡都是不会影响测定的，只是浑浊物含量太多时会影响取样量，尤其是对于蠕动泵管的进样，会影响进样量和精确度。

其实测定诸如 NO_2^-、NO_3^-、NH_4^+ 等在水中都是离子态的物质时，它们一般不会与浑浊物质产生化学反应，所以严格地说，对于分光光度法的测定，都需要用孔径 0.4μm 的玻璃纤维滤膜过滤，取其滤液进行测定。对于气相分子吸收光谱法来说，在不影响取样量的情况下，水样所含的浑浊是完全不会影响测定的。而分光光度法的比色测定哪怕有一丝一毫的浑浊物都会影响测定结果，这就是气相分子吸收光谱法的优越性所在。

待测水样中含有能够产生吸收的挥发性有机物会对气相分子吸收光谱法的测定产生正干扰，应予以消除。一般而言，对于未知水样中是否含有能够产生吸收的挥发性有机物，除非可以闻到臭味，一般是比较难以判断的。对于这一点，需要分析者加以考虑的是，在测定陌生水样时，取样于反应瓶中，可以先向水样中通过砂芯头吹入 0.7L/min 的载气，如有产生吸收的挥发性有机物（如三氯甲烷、丙酮等）气体，一通气就会有吸收峰出现。因为水样体积小，挥发性有机物气体的吸收峰一般 10s 就消失了，待挥发性有机物吸收峰消失后，仪器基线回至零点，再加酸及催化剂进行测定。因此，气相分子吸收光谱法是一种很方便地消除有机物干扰的方法。

根据水样中可能存在的离子，在含有 10μg NO_2^--N 的 5mL 0.3mol/L 柠檬酸介质中加入了 1000μg 的 K^+、Na^+、Ca^{2+}、Mg^{2+}、Cu^{2+}、Fe^{3+}、Ni^{2+}、Cd^{2+}、Mg^{2+}、Sn^{2+}，500μg 的 As^{3+}、Hg^{2+}、NH_4^+ 的阳离子以及大量的 NO_3^-，均不干扰测定。水样中的浑浊物也未影响到测定结果。

与无机酸不同，测定 0.2mg/L NO_2^--N 时，加入柠檬酸后放置 1～2min，SO_3^{2-}、$S_2O_3^{2-}$ 可被柠檬酸络合，这种测定方法可允许 SO_3^- 含量达 20mg/L 而不影响测定；$S_2O_3^{2-}$ 会还原 NO_2^-，但不是瞬间反应，采取先加乙醇再加柠檬酸立即通气测定，$S_2O_3^{2-}$ 允许量可达 10mg/L；I_2 的吸收为正干扰，但吸收不灵敏，允许量可达 50mg/L；100mg/L MnO_4^- 和 80mg/L Sn^{2+}（$SnCl_2$）不会氧化还原 NO_2^-；100mg/L 的 SCN^- 不影响测定；S^{2-} 的干扰很明显，大于 1mg/L 时，可以在气路中串接含有乙酸铅棉花的除硫管，使挥发出来的 H_2S 生成 PbS 沉淀而排除其干扰。

使用自动化仪器测定水样，无法用反应瓶直接曝气除去挥发性有机物时，可以向水样加入适量活性炭，搅拌以吸附有机物，取上清液测定以消除干扰。

5.1.4 测定方法

5.1.4.1 经典仪器测定方法一

（1）用水与试剂

① 本法用水均为无 NO_2^--N 的水。制备方法：取一般去离子水，加入少许 $KMnO_4$ 粉末，使成红色，再加入 $Ba(OH)_2$ 或 $Ca(OH)_2$ 使水呈碱性。于全玻璃蒸馏器中蒸馏，弃去 50mL 初馏液，收集中间约 70%的馏出液。

亦可于 1L 水中加入 1mL 浓 H_2SO_4 和 0.2mL $MnSO_4$ 溶液（100mL 水中含 36.4g $MnSO_4 \cdot H_2O$），再加入 1～3mL 0.04% $KMnO_4$ 溶液至水呈红色，进行蒸馏。

② 反应介质：柠檬酸溶液 $c(C_6H_8O_7 \cdot H_2O) = 0.3mol/L$。称取 32g 柠檬酸，溶解于水，定容至 500mL。

③ 无水乙醇，分析纯。

④ 细颗粒状活性炭。

⑤ 干燥剂：无水 $Mg(ClO)_2$，固体颗粒，约 15 目。

⑥ NO_2^--N 标准使用液（100μg/mL）：用市售的 1000μg/mL NO_2^--N 标准溶液稀释配制。

⑦ 绘制标准曲线的各点标准液浓度：用微量移液器吸取⑥中的 NO_2^--N 标准使用液，配制成 0.00μg/mL、1.00μg/mL、2.00μg/mL、3.00μg/mL、4.00μg/mL、5.00μg/mL 的 6 点标准液。

（2）仪器及装置

① AA-8500 双通道原子吸收分光光度计，改装成单通道。

② 光源：锌（Zn）空心阴极灯。

③ 气液分离吸收装置：如图 5-1，向图中净化器与收集器中装入活性炭，净化载气（空气）及收集废气；干燥剂管中装入无水 $Mg(ClO)_2$。

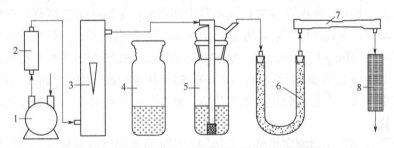

图 5-1　测定 NO_2^--N 气液分离吸收装置示意图

1—载气泵；2—净化器；3—流量计；4—清洗瓶；5—反应瓶；6—干燥管；7—吸光管；8—废气收集管

将各部件用 ϕ6mm×2mm 聚乙烯软管连接。将吸光管与光路平行地安装在 AA-8500 原子吸收分光光度计的燃烧器座上。

④ 刻度移液管：5mL。

⑤ 微量移液器：50～250μL 可调。

⑥ 带橡胶乳头的刻度吸液管：2mL。

（3）参考工作条件

① 灯电流 3mA，波长 213.9nm。

气相分子吸收光谱法
及应用

② 载气流量：0.6L/min。

③ 测量方式：峰高。

（4）操作步骤

① 标准曲线的绘制

a. 向清洗瓶中加入约 5mL 去离子水，将反应瓶的磨口盖插入并密封该清洗瓶，开启载气泵，通入 0.6L/min 的载气。

b. 用水清洗反应瓶并甩干，用刻度移液管加入 2mL 零标准液，再加入 3mL 反应介质。

c. 从清洗瓶中取出反应瓶盖并关闭载气。

d. 向反应瓶中加入 0.5mL 无水乙醇，立即用反应瓶的磨口盖密闭反应瓶，通入载气测定吸光度。

按上述操作步骤，依次测定各点标准液的吸光度，绘制标准曲线。

② 水样的测定

用刻度移液管准确吸取 2mL 水样（ $NO_2^- \leqslant 50\mu g$ ），与标准曲线的绘制操作相同，测定吸光度，仪器自动计算结果。测定水样前测定 2mL 空白水的吸光度，进行空白校正。

完成一个水样的测定到测定下一个水样，历时约 1.5min。图 5-2 是笔者 1986 年用自动记录仪记录的吸收峰。$10\mu g/mL$ NO_2^- 重复测定（ $n=10$ ）的平均吸收峰高 125.8mm，相对标准偏差 CV=0.66%。

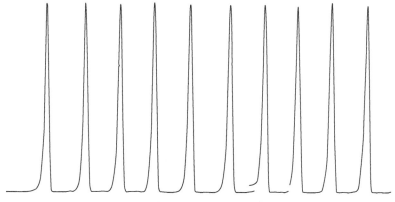

图 5-2 重复测定 NO_2^- 吸收峰的记录图

在诸多酸性介质中选用了浓度 0.30mol/L 的柠檬酸介质，柠檬酸具有络合性，可提高方法的抗干扰性和避免对环境的污染。

5.1.4.2　经典仪器测定方法二

本方法改进了 5.1.4.1 中经典仪器测定法一的气液分离装置，采用活塞式反应瓶，简化了操作。

（1）用水及试剂

① 用水及试剂同 5.1.4.1。

② 载流液：于 500mL 烧杯中加入 200mL 柠檬酸（500mL 水中含 32g 柠檬酸）及 40mL 无水乙醇，再取一个干净的烧杯，相互反复倾倒溶液，直至柠檬酸完全溶解。

③ NO_2^--N 标准使用液（100μg/mL）：用市售的 1000μg/mL NO_2^--N 标准溶液稀释配制。

④ 绘制标准曲线的各点标准液浓度：用微量移液器吸取③中的 NO_2^--N 标准使用液，配制成 0.00μg/mL、1.00μg/mL、2.00μg/mL、3.00μg/mL、4.00μg/mL、5.00μg/mL 的 6 点标准液。

（2）仪器及装置

① 气相分子吸收光谱仪，型号同 5.1.4.1。

② 光源：锌（Zn）空心阴极灯。

③ 气液分离吸收装置：如图 5-3，向定量加液器中装入反应介质，干燥管、净化管中装入活性炭。将各部件用 φ4mm×6mm 的聚乙烯软管连接。

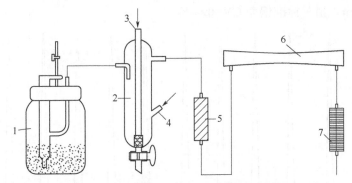

图 5-3　活塞式气液分离吸收装置示意图

1—定量加液器；2—反应瓶；3—载气进口；4—加样嘴；5—干燥管；6—吸光管；7—收集器

④ 刻度移液管：5mL。

⑤ 橡胶乳头帽。

（3）参考工作条件

① 灯电流 3mA，波长 213.9nm。

② 载气流量：0.6L/min。

③ 测量方式：峰高。

④ 测量时间：10s。

（4）操作步骤

① 标准曲线的绘制

a. 打开反应瓶的活塞放出废液并关闭，用定量加液器向反应瓶中加入 3mL 反应介质。

b. 向反应瓶中通入载气（0.6L/min），清洗反应瓶及砂芯，待仪器读数回零，停止通气，打开活塞放出废液并关闭。

c. 用 5mL 刻度移液管吸取 2mL 零标准液，从反应瓶的加液嘴加入反应瓶中，立即将橡胶帽套在加液嘴上。

d. 用定量加液器加入 3mL 反应介质，通入载气，测定零标准液吸光度。

e. 重复 a～d 的操作，从加液嘴依次加入各标准液，测定吸光度，绘制标准曲线。

② 水样的测定

重复 a～d 的操作，从加液嘴加入 2mL 水样测定吸光度，计算结果。

采用图 5-1 及图 5-3 的气液分离装置，用刻度移液管加入水样，更能体现气相分子吸收光谱法不受水样浑浊物影响的特点。

装置中载气通过玻璃砂芯的分散作用，载气、水样及反应介质三者变成了类似"气溶胶"状态的 NO_2，产生的 NO_2 在气相空间形成了密集的气流，可以迅速被载气推出反应瓶进入吸光管。产生的吸光度与没有砂芯头的吹气管相比，吸光度提高了约 3 倍。

采用图 5-3 的气液分离反应瓶，若水样中含有能够产生吸收的有机物气体，可以将反应瓶洗净至无酸性，加入水样通入载气，将有机物挥发至仪器回零（约 10s），停止通气，再加入反应介质测定吸光度。

用经典的气液分离吸收装置测定 $NO_2^- $-N，使用了普通的玻璃器皿和经典的操作方法。若能掌握好这种基础的操作，将有利于初学者掌握好自动化仪器的操作。

图 5-4 是用气相分子吸收光谱仪，结合图 5-3 的容积较小（约 30mL）的活塞式反应瓶测定的 $NO_2^- $-N 吸收峰，出峰和回零均较快，得到的是对称吸收峰，达到最高吸收峰时间为 5.85s。这种峰高的测量方式由于出峰速度快，可以节省水样和化学试剂。

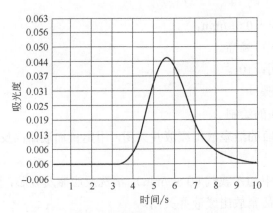

图 5-4　定量进样测得 NO_2^--N 的吸收峰

5.1.4.3　半自动化仪器测定法（定量进样方式）

（1）用水与试剂

① 用水及试剂参照 5.1.4.1。

② 载流液：于 500mL 烧杯中加入 200mL 0.4mol/L 柠檬酸及 40mL 无水乙醇，再取一只干净的 500mL 烧杯，相互倾倒烧杯中的溶液直至柠檬酸完全溶解。

③ NO_2^--N 标准使用液（10μg/mL）：用市售的 1000μg/mL NO_2^--N 标准溶液稀释配制。

④ 绘制标准曲线的各点标准液浓度：用可调微量移液器吸取 NO_2^--N 标准使用液，配制成 0.00μg/mL、1.00μg/mL、2.00μg/mL、3.00μg/mL、4.00μg/mL、5.00μg/mL 的 6 点标准液。

（2）仪器及装置

① AJ-2210 气相分子吸收光谱仪。

② 气液分离吸收装置，如图 5-5。

③ 光源：锌（Zn）空心阴极灯。灯电流 5mA，波长 213.9nm。

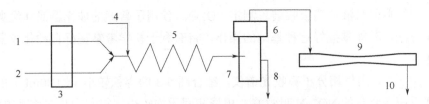

图 5-5　自动化气液分离吸收装置示意图

1—载流液 1；2—水样 2；3—蠕动泵；4—载气；5—气液分离盘管；
6—除水冷阱；7—分离瓶；8—排液；9—吸光管；10—排气

（3）参考工作条件

参照图5-6设置泵自动控制参数。

① 载气流量：0.6L/min。

② 蠕动泵转速：80r/min。

③ 进样清洗液路时间：20s。

④ 吹气清洗测量系统，达到仪器读数回零或最小值，一般设定20～30s。

⑤ 进样时间：高含量设15s，低含量20s。

⑥ 排液时间：0s。

⑦ 测量时间：10～15s。

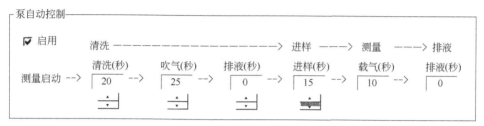

图5-6　蠕动泵各时序的工作时间

（4）操作步骤

① 标准曲线的绘制

a. 照图5-5的气液分离吸收装置，将泵管1插入装有柠檬酸及无水乙醇的载流液试剂瓶中，吸取载流液。

b. 吸取载流液的同时，由泵管2进样吸管按顺序从进样盘上的刻度试管中依次吸取绘制标准曲线的各点标准液，分别测定标准点的吸光度，绘制标准曲线。

② 水样的测定

a. 一键启动，按图5-5的示意图，从左至右按顺序工作，70s即可得到分析结果。

测量过程：水样通过蠕动泵管2、载流液通过蠕动泵管1吸入，二者汇合后，与引入的载气一同进入气液分离盘管，NO_2^-在管中由于载气的作用分解产生了NO_2，管内液体和NO_2继续进入气液分离瓶时，分离瓶中的液体自动排出，NO_2则从气液分离瓶的上部通过冷阱除去水分，进入吸光管产生NO_2的吸光度。与经典仪器一样，得到的吸收峰形状如图5-4。

b. 图5-7的流程显示水样、试剂、载气在气液分离盘管中的流动状态。由载气气泡间隔的水样和柠檬酸及乙醇被推入气液分离盘管中发生物理化学反应。气泡的作用是限制水样的扩散，对水样和试剂起搅拌作用，使它们流动、混合、反应产生 NO_2。气液分离盘管为螺旋形状，试验证明，螺旋管的曲率半径小一些，气液分离效果就会好一些。

图 5-7　水样、试剂、载气在盘管中的状态

5.1.4.4　全自动化仪器测定法（连续进样方式）

（1）用水与试剂

① 用水及试剂参照 5.1.4.1。

② 载流液：于 500mL 烧杯中加入 200mL 0.4mol/L 柠檬酸及 40mL 无水乙醇，再取一只干净的 500mL 烧杯，相互倾倒烧杯中的溶液，直至柠檬酸完全溶解。

③ 绘制标准曲线的各点标准液浓度：用微量移液器吸取 NO_2^--N 标准使用液，配制成 0.00μg/mL、1.00μg/mL、2.00μg/mL、3.00μg/mL、4.00μg/mL、5.00μg/mL 的 6 点标准液。

（2）仪器及装置

① 气相分子吸收光谱仪。

② 光源：氘灯。

③ 自动进样器。

④ 空气发生器：AGA-2L。

（3）参考工作条件

① 工作波长：213.9nm。

② 载气流量：0.1L/min。

③ 进样量：10mL/min。

（4）操作步骤

一键启动测量，测量按图 5-5 的各部件顺序进行，由进样臂的进样管连续不间断地吸进水样和载流液混合，引入载气后经过气液分离螺旋盘管进入气液分离瓶，废液自动排除，产生的 NO_2 通过制冷除湿进入吸光管，直到最高峰达到稳定的平台时，测量结束，停止进样。得到的是平台吸收峰，见图 5-8。

相较于定量进样方式，连续进样方式测定结果重复测定精度高，但是测定时间较长，消耗试剂和水样量比峰高测量方式大约高 3 倍。图 5-8 是 NO_2^--N 6 次测定峰高的重复图形，几乎重合成了一条吸收峰。

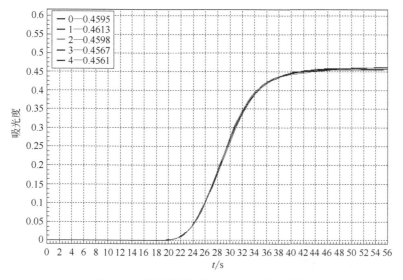

图 5-8　连续进样测得 NO_2^--N 的吸收峰

5.1.5　测定方法的条件试验

5.1.5.1　反应介质及其浓度的影响

NO_2^- 在 HCl、H_2SO_4、H_3PO_4、柠檬酸、草酸及酒石酸等酸性介质中均可被催化剂迅速分解成 NO_2 进行测定。表 5-1 揭示了无机酸所得吸光度比有机酸略高一些，三种无机酸的浓度从 1.5～2.5mol/L 达到稳定的最大吸光度。柠檬酸的

表 5-1　反应介质及其浓度对吸光度影响

反应介质浓度/(mol/L)	吸光度			
	HCl	H_2SO_4	H_3PO_4	柠檬酸[①]
0.5	0.286	0.287	0.273	0.259
1.0	0.303	0.287	0.279	0.262
1.5	0.312	0.306	0.288	0.274
2.0	0.306	0.307	0.289	0.273
2.5	0.306	0.307	0.289	0.274
3.0	0.296	0.306	0.291	0.272

① 柠檬酸浓度为 0.05～0.3mol/L。

浓度为无机酸的十分之一，测定灵敏度略低，但柠檬酸具有络合性，可络合消除某些干扰。

5.1.5.2　载气流量的影响

在 5mL 0.3mol/L 柠檬酸介质中，加入 0.5mL 无水乙醇为催化剂，改变载气流量从 0.2～1.0L/min，测得 10mg/L NO$_2^-$ 吸光度的变化如图 5-9 所示；载气流量在 0.4～0.8L/min 时，得到的吸光度高且稳定。根据反应瓶形状和容积以及出峰和回零时间，选择的载气流量在 0.7L/min 较为合适。

反应瓶容积在约 50mL 时，水样+柠檬酸+无水乙醇溶液总体积只有 5.5mL，气相空间约 45mL，大的空间对产生的 NO$_2$ 具有缓冲作用，气流量的变化对吸光度影响不大。试验结果显示，载气流量在 0.4～0.8L/min 范围变化时，吸光度都是稳定的，见图 5-9。测定过程中载气的流量绝对不会有 0.3L/min 的变化幅度，因此，测定标准液或水样的过程中，吸光度不稳定时，不要轻易怀疑载气流量的影响。

5.1.5.3　测量体积的影响

仅当柠檬酸及无水乙醇无空白或空白极低，载气流量固定为 0.7L/min 时，反应介质体积在 4～6mL 的吸光度最大且稳定，结果如图 5-10 所示。为保证高含量 NO$_2^-$-N 的测定精度，反应液体积应准确为 5.0mL。

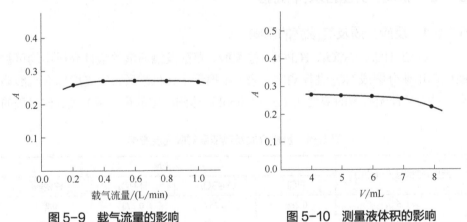

图 5-9　载气流量的影响　　　　图 5-10　测量液体积的影响

5.1.5.4　催化剂用量的影响

仅当催化剂无空白时，在含有 10mg/L NO$_2^-$-N 的 5mL 柠檬酸溶液中，分别试验了三种催化剂用量对 NO$_2^-$ 分解成 NO$_2$ 的影响。固定反应液体积为 5mL，加入无水乙醇 0.3～0.6mL，得到的吸光度较高且稳定，如图 5-11 所示。乙醇量宜多一些，定为 0.4～0.5mL 较好。

综上所述，用气相分子吸收光谱法测定 NO_2^--N 的条件都是比较宽松的，稍加注意就不会影响分析结果。每个标准液及每个水样所加入的柠檬酸和无水乙醇的量都有较宽的范围。这样看来，要得到可靠的分析结果就只是精确地吸取标准液和水样就行了。

去离子水的空白对标准曲线的影响比较大，因为曲线中标准液浓度由低到

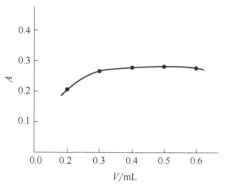

图 5-11　催化剂用量的影响

高，所取标准液的体积也是由低到高。这样一来，每一点标准液定容时所加去离子水的体积是由高到低的，如果去离子水的空白高，低浓度标准液加入的去离子水多，高浓度标准液加入量少。这样极有可能在曲线的纵坐标上出现较大的正截距，使曲线向横坐标弯曲而不成线性。

因此，操作者要保证配制标准溶液与绘制标准曲线的水以及测定水样的定容水都必须使用空白值一样的同一种去离子水。这是用好气相分子吸收光谱法的关键之一。

气相分子吸收光谱法测定 NO_2^--N 时，由于使用了载气，稀释了分解出的 NO_2，所得吸光度大约是分光光度法的 1/5。这就必须要使用不含空白或空白极低的去离子水和化学试剂，以降低空白对标准液和水样吸光度的影响，从而得到可靠的分析结果。

5.1.6　方法原理的探讨

5.1.6.1　NO_2^- 分解气体的验证

根据前述的测定方法和条件试验，采用 GB/T 15435—1995 所述环境空气中 NO_2 的测定方法。在柠檬酸介质中加入 NO_2^- 及乙醇催化剂后，将反应的气体载入装有对氨基苯磺酸及 N-(1-萘基)乙二胺的吸收液中，溶液会很快变成紫红色。以此证明，柠檬酸介质中 NO_2^- 在乙醇的催化作用下，产生了如下的化学反应，瞬间分解成的气体不仅是 NO_2，还有部分 NO。质谱分析也证明了 NO 的存在。NO 不溶于水而且极不稳定，因而也被氧化成了 NO_2。

$$2NO_2^- + 2H^+ \xrightarrow{\text{乙醇}} NO_2 + NO + H_2O$$

在反应介质中，NO_2^- 受到乙醇的催化作用，才能瞬间生成 NO_2 及一部分 NO，如果不向含有 NO_2^- 的柠檬酸介质中加入无水乙醇，即使通入数十分钟的空气，仪器也测不出吸光度，这说明，NO_2^- 是比较稳定的，在一般的酸性介质中很难被分解，只有在催化剂的作用下，才会迅速发生分解反应。

5.1.6.2 NO_2 的分子吸收光谱

根据上述化学反应，在不同的波长下测试了 NO_2^- 分解的 NO_2 吸光度。从 200nm 至 300nm 波长逐点测定吸光度，得到了图 5-12 的吸收光谱。

受当时的条件所限，只从 200nm 波长开始测定，但谱图显示，吸收光谱基本上是两侧对称型的，在 190～200nm 光谱区域也是有吸收的。

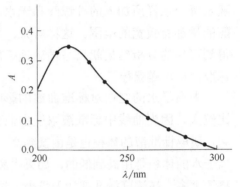

图 5-12　NO_2 的吸收光谱

5.1.7　催化机理的探讨

根据催化反应的定义，用文献方法测定了参与 NO_2^- 分解反应前后，催化剂用量的变化，试验证明，催化剂反应前后的用量未变，见表 5-2。它们的性质也未改变，只是加速了 NO_2^- 的分解，即乙醇促进 NO_2^- 的分解是符合催化反应的基本原理的。

表 5-2　反应前后催化剂用量的变化　　　　　　　　　　单位：mL

催化剂名称	NaNO$_2$质量/g		
	0.0	0.5	1.0
甲醇	0.500	0.495	0.500
乙醇	0.300	0.298	0.301
甲醛	0.250	0.252	0.251

5.1.8　方法的技术指标

由上述方法的条件试验看出，气相分子吸收光谱法的测定条件宽松、易于掌握。在这种宽松的测定条件下，得到了下述的技术指标。

5.1.8.1　NO$_2^-$-N 浓度与吸光度的线性关系

按照 5.1.4.1 中经典仪器的测定方法，测得浓度 0.20～1.00mg/L 的 NO$_2^-$-N 与其吸光度的关系，列于表 5-3。

表 5-3　NO$_2^-$-N 浓度与吸光度的线性关系

实验室编号	0.00 mg/L	0.20 mg/L	0.40 mg/L	0.60 mg/L	0.80 mg/L	1.00 mg/L	标准曲线相关系数 r	标准曲线斜率 k	截距 b
1	0.0000	0.0251	0.0532	0.0785	0.1035	0.1302	0.9999	0.0260	0.0000
2	0.0000	0.0245	0.0480	0.0712	0.0955	0.1179	0.9999	0.0236	0.0005
3	0.0000	0.0273	0.0546	0.8100	0.1087	0.1353	1.0000	0.0271	0.0002
4	0.0000	0.0265	0.0538	0.0847	0.1113	0.1429	0.9996	0.0286	-0.0015
5	0.0000	0.0260	0.0522	0.0785	0.1065	0.1323	0.9999	0.0267	-0.0006

以上数据是 5 个环境监测站测得的，吸光度与 NO$_2^-$-N 浓度的线性关系良好。根据 NO$_2$ 的宽带分子吸收光谱（图 5-12），采用吸收灵敏度不同的发射线光源进行试验，可以得到不同斜率的标准曲线，吸光度与 NO$_2^-$-N 的浓度均成线性关系，相关系数 r 均大于 0.9990，因此，不论是测定低含量还是高含量的 NO$_2^-$-N，只要选用合适的光源灯和波长，就可以使测得的吸光度与 NO$_2^-$-N 浓度关系符合比尔定律，这使本法具有既能测定痕量又能测定高含量 NO$_2^-$-N 的优越性能。

5.1.8.2　检出限、精密度与准确度

（1）检出限

本方法检出限是通过 6 个实验室测定空白水样（$n=6$）的标准偏差，以 3 倍标准偏差除以标准曲线斜率及测定体积得出的。然后对 6 个实验室得到的检出限进行统计计算，取实验室间最大值作为方法的检出限。根据 6 个实验室的测试数据，以室间最大值 0.002mg/L 作为 NO$_2^-$-N 测定方法的检出限，见表 5-4。但是，考虑到普遍的监测水平，将方法的检出限确定为 0.003mg/L，与对氨基苯磺酸及 N-(1-萘基)乙二胺的分光光度法一致。

表 5-4　6 个实验室测得 NO$_2^-$-N 方法的检出限

实验室编号	检出限/(mg/L)	标准偏差 S_b	标准曲线斜率 k	标准曲线相关系数 r	测定体积/mL
1	0.0012	0.000052	0.0270	0.9998	5
2	0.0020	0.000082	0.0236	0.9999	5
3	0.0020	0.000098	0.0286	0.9996	5

实验室编号	检出限/(mg/L)	标准偏差 S_b	标准曲线斜率 k	标准曲线相关系数 r	测定体积/mL
4	0.0013	0.000055	0.0260	0.9999	5
5	0.0018	0.000080	0.0262	0.9999	5
6	0.0019	0.000084	0.0260	0.9997	5
平均值	0.0017	0.000075	0.0267	0.9998	5

（2）精密度

NO_2^--N 气相分子吸收光谱法测定的精密度、准确度与所用仪器的信噪比有关，在选定仪器条件下，根据 NO_2 的吸收光谱（图 5-12），采用发射线较强、吸收灵敏度较高的锌（Zn）空心阴极灯的 213.9nm 发射波长，使用 AA-8500 原子吸收分光光度计，在 5mL 0.3mol/L 柠檬酸介质中重复测定 6 次编号为 3410114 的统一标样，5 个实验室测定结果的相对标准偏差如表 5-5 所示，最大相对标准偏差 CV=2.7%。

表 5-5 统一标样的测定值

实验室编号	测定值/(mg/L)							
	1	2	3	4	5	6	平均值	CV/%
1	0.105	0.102	0.107	0.105	0.102	0.103	0.104	1.9
2	0.107	0.102	0.103	0.107	0.100	0.105	0.104	2.7
3	0.098	0.096	0.087	0.096	0.098	0.096	0.096	1.6
4	0.103	0.102	0.107	0.099	0.102	0.104	0.102	1.7
5	0.105	0.102	0.107	0.105	0.102	0.103	0.104	1.9

注：标样值为 0.102±0.006mg/L。

（3）准确度

表 5-5 显示，5 个实验室测定含量(0.102±0.006)mg/L 的 3410114 统一标准样品，平均测定值最大 0.104mg/L，最小 0.096mg/L，所测定的结果均未超出 0.006mg/L 的不确定度。

其中 3 号实验室测定结果的相对标准偏差为较小的 1.6%，测定精度较好，但测定结果均是负偏差，这是该实验室绘制的 NO_2^--N 标准曲线斜率及截距的影响所致，其余实验室测定结果为正常值。

5.1.9 分析结果对照

气相分子吸收光谱法作为一种新方法，不仅要确定它所能测定的水样，更重要的是确定方法测定结果的准确性，因此需要将其测定结果与已有的方法，特别是已有的国标法进行对照，达到相对标准偏差的要求才可以使用。表 5-6 测定的是水样中不同含量的 NO_2^-。与其它方法比较，分析结果均达到了比较好的一致性。

表5-6 气相分子吸收光谱法与其它方法测定结果的对比

序号	水样名称	本法结果/(mg/L)	对比法结果/(mg/L)	其它方法
1	长江水	0.065	0.067	格力斯标准法
2	长江水	0.083	0.080	格力斯标准法
3	长江水	0.092	0.100	格力斯标准法
4	长江水	0.018	0.019	格力斯标准法
5	长江水	0.050	0.050	格力斯标准法
6	工业水	0.031	0.030	格力斯标准法
7	工业水	0.021	0.023	格力斯标准法
8	工业水	0.011	0.012	格力斯标准法
9	高炉纯水	79.50	79.00	乙酸苯胺-α-萘胺光度法
10	冷循环水	304.0	305.0	乙酸苯胺-α-萘胺光度法
11	冷循环水	731.3	733.3	乙酸苯胺-α-萘胺光度法
12	冷循环盐水	650.5	648.1	高锰酸钾氧化容量法
13	冷循环盐水	2436	2491	高锰酸钾氧化容量法
14	冷循环盐水	2067	2037	高锰酸钾氧化容量法

5.2 NO_3^--N 的测定

硝酸盐通常视为含氮有机物分解后的产物。当水样中仅含有硝酸盐而不存在其它有机或无机氮化物时，则认为有机氮化合物分解完全。若水样含有较多的硝酸盐而又含有其它各种氮化物时，则表示水系仍在 "自净" 化中。

亚硝酸盐通过氧化可生成硝酸盐，硝酸盐在无氧环境中也可受到微生物的作用而还原成为亚硝酸盐。清洁的地表水中含硝酸盐较少，受污染物浸入的水系以及一些深层地下水中硝酸盐往往含量较高。制革废水、酸洗、电镀废液以及农田、生活污水中都含有大量的硝酸盐。

在我国，测定硝酸盐氮常用方法有两类：一是利用硝酸盐本身的特性直接测定，如紫外分光光度法、离子色谱法、酚二磺酸分光光度法；另一类是将 NO_3^- 还原成 NO_2^- 或 NH_4^+，将测定出的 NO_2^- 或 NH_4^+ 量换算成 NO_3^--N 的含量，代表性的方法有镉柱还原法、戴氏合金还原分光光度法等。

相比酚二磺酸分光光度法、戴氏合金还原分光光度法，最方便的是紫外分光光度法，但该方法的适应性较差，水样的颜色和浑浊物影响测定，双波长的比色也会带来分析误差。

镉柱还原法是将 NO_3^- 通过装有颗粒状金属镉的柱子，将 NO_3^- 还原成 NO_2^-，测定出 NO_2^--N 后换算成 NO_3^--N 的含量。此法对存在于水样中的 NO_2^-，须另行测定不经还原的水样以进行校正，因而带来麻烦和产生误差。水样中悬浮物易堵塞柱子，Cu、Fe 等金属离子较多时还会降低还原效率。由于镉柱的还原能力有限，该方法只适合于低浓度（0.4mg/L 以下）NO_3^--N 的测定。镉柱的使用时间、还原效率难以掌握。柱中金属镉是毒性物质，废弃的金属镉会对环境造成二次污染。

酚二磺酸分光光度法在 1987 年被批准为国标法（GB 7480—1987）。此法适用于测定饮用水、地表水及较清洁的水，检出限 0.02mg/L，测定上限 2mg/L。水中氯化物、亚硝酸盐、铵盐、碳酸盐及有机物会干扰测定，必要时需对水样进行前处理。另外，所用苯酚易变色，须蒸馏精制。配制酚二磺酸试剂需用发烟硫酸，很不安全。方法测定手续繁杂、花费时间长，单是酚二磺酸试剂的配制就要花费两个多小时。方法分析条件苛刻，发色试剂的用量、温度、时间、pH 值等条件控制不当都会影响分析结果。

戴氏合金（Cu、Zn、Al）还原法是将 NO_3^- 还原成 NH_4^+ 后，再蒸馏挥发出氨，被吸收液吸收后通过测定 NH_4^+ 的含量测定 NO_3^--N。此法由于将 NO_3^- 还原成 NH_4^+ 的同时也将水样中原有的 NH_4^+ 蒸馏出来了，所以还要先把水样原有的 NO_2^- 和 NH_4^+ 蒸馏除去，才能加戴氏合金将硝酸盐还原成铵盐。方法须进行两次蒸馏，测定一批（4~8 个）样品花费时间约 6h，操作很难保证测定结果的准确性。测定结果的相对标准偏差仅有 6%。

一些酸根和阴离子可从溶液中的离子状态被分解成气体，转移到气相，利用气相中的分子对辐射光产生吸收而建立起来的气相分子吸收光谱法测定 NO_3^--N，以其操作简便、快速、准确，并可避免干扰成分的影响，而成为一种在分析领域中的分析检测新方法。

NO_3^--N 是各种氮化物中最稳定的无机氮化合物，将其分解成气体转入气相比较困难，因此通常都是将其还原成亚硝酸盐，或将 NO_3^- 还原成 NH_4^+ 以及 N_2。笔者积累了多年的工作经验，在诸多试验中发现了可以将 NO_3^- 直接还原成具有吸收的 NO 的还原剂，建立了直接、快速测定 NO_3^--N 的气相分子吸收光谱法，方法于 1992 年被授权发明专利。

5.2.1　方法原理

气相分子吸收光谱法测定水中 $NO_3^- $-N 的原理非常简单,只要在较强的 HCl 介质中,保证水样温度在 (70±2)℃,加入少量 15%~20% 的 $TiCl_3$ 溶液,使溶液保持紫红色, NO_3^- 就会迅速被还原分解成 NO。NO 在 214.3nm 有强烈的窄带吸收,可利用带宽较窄的镉(Cd)空心阴极灯的 214.4nm 波长进行测定,NO 的吸光度与 $NO_3^- $-N 的浓度在很大范围内成线性关系,以此建立起以气相分子吸收光谱法测定水中 $NO_3^- $-N 的快速、简便方法。

NO_3^- 还原成 NO 的化学反应:

$$2NO_3^- + 4H^+ + Ti^{3+} =\!=\!= 2NO\uparrow + TiO_2 + 2H_2O$$

5.2.2　适用范围

本法适用于地表水、地下水、饮用水、海水、生活污水及工业废水中 $NO_3^- $-N 的测定。方法检出限为 0.006mg/L,测定下限 0.05mg/L,上限达 20mg/L。

5.2.3　干扰及其消除

根据水样中可能存在的离子,以标准溶液进行共存离子的干扰试验。在 3mol/L 盐酸介质、含 10μg $NO_3^- $-N 的 5mL 溶液中,加入了 200μg 的 Co^{2+}、Zn^{2+}、Cu^{2+}、Pb^{2+}、Ca^{2+}、Mg^{2+}、NH_4^+ 及 MnO_4^-,600μg 的 SO_4^{2-}、PO_4^{3-}、I^-、F^-,所加入离子均不干扰测定。

5.2.3.1　NO_2^- 的去除

水样中所含 NO_2^- 也可被 $TiCl_3$ 还原生成 NO,在 214.4nm 波长参与吸收造成正干扰。对该干扰消除的办法是先向取好的水样中加入 2~3 滴 10% 的氨基磺酸溶液,再加入 HCl 介质, NO_2^- 会迅速分解成不产生吸收的 N_2 而被消除,3 滴 10% 的氨基磺酸能够分解消除约 400mg/L 的 NO_2^-。

消除 NO_2^- 生成 N_2 的化学反应:

$$H_2NSO_3H + NaNO_2 =\!=\!= NaHSO_4 + N_2\uparrow + H_2O$$

5.2.3.2　SO_3^{2-}、$S_2O_3^{2-}$ 及 S^{2-} 的消除

SO_3^{2-} 及 $S_2O_3^{2-}$ 在 HCl 的反应介质中会分解成参与吸收的 SO_2,消除的办法是将水样用 H_2SO_4 酸化呈弱酸性,加入 $KMnO_4$ 使它们被氧化成稳定的 SO_4^{2-} 而消除干扰。

消除 SO_3^{2-} 及 $S_2O_3^{2-}$ 的化学反应：

$$2MnO_4^- + 5SO_3^{2-} + 6H^+ \Longrightarrow 2Mn^{2+} + 5SO_4^{2-} + 3H_2O$$
$$8MnO_4^- + 5S_2O_3^{2-} + 14H^+ \Longrightarrow 8Mn^{2+} + 10SO_4^{2-} + 7H_2O$$

具体的消除方法是，取水样于 50mL 容量瓶中，加入 10mL 3mol/L HCl，向容量瓶中滴加 0.5% 的 $KMnO_4$ 溶液，直至 $KMnO_4$ 溶液紫红色不退，再过量 1～2 滴，用水稀释至刻度，摇匀静止。从容量瓶中吸取上清液测定 NO_3^--N 的含量。

中性或碱性的水样中会存在 S^{2-}，当在 HCl 介质中测定 NO_3^--N 时，S^{2-} 会生成 H_2S 参与吸收造成正干扰。可在气路中串接装有乙酸铅棉花的除硫管，使 S^{2-} 生成 PbS 沉淀而消除干扰。

5.2.3.3 挥发性有机物的消除

水样中含有可产生吸收的挥发性有机物如三氯甲烷及丙酮时，用经典仪器可方便地消除二者的影响。具体方法是：取 2mL 水样于反应瓶中，在加入 HCl 及 $TiCl_3$ 试剂前，通过砂芯头向水样吹入 0.7L/min 的载气约 10s，挥发性有机物气体被挥发去除后，再加入盐酸及 $TiCl_3$ 试剂测定吸光度。

使用自动化仪器测定水样，没有砂芯吹气头，曝气法难以去除挥发性有机物时，可以向水样加入适量活性炭搅拌吸附有机物，再取上清液测定以消除干扰。

5.2.4 测定方法

5.2.4.1 经典仪器测定法

（1）用水与试剂

① 本法用水为无硝酸盐的水或新制备的电导率≤0.5μs/cm 的去离子水。

② 盐酸：$c(HCl) = 5mol/L$。

③ $TiCl_3$：含 15%～20% $TiCl_3$ 的 HCl 溶液。

④ 氨基磺酸：10% 水溶液。

⑤ 无水乙醇：分析纯。

⑥ 活性炭：细颗粒状。

⑦ 干燥剂：无水 $Mg(ClO_4)_2$。

⑧ NO_3^--N 标准使用液：吸取市售的 NO_3^--N 标准液，逐级稀释成 200μg/mL 的标准溶液。

⑨ 绘制标准曲线的标准液：用微量移液器吸取 NO_3^--N 标准使用液，配制成 0.00μg/mL、1.00μg/mL、2.00μg/mL、3.00μg/mL、4.00μg/mL、5.00μg/mL

的 6 点标准液。

（2）仪器及装置

① AA-8500 双通道原子吸收分光光度计。

② 气液分离吸收装置，见图 5-13。

③ 光源：镉（Cd）空心阴极灯。

④ 定量加液器：500mL 玻璃瓶，加液量 0～5mL 可调。

⑤ 微量移液器：50～250μL 可调。

⑥ 多孔恒温水浴：水温 100℃ 可调。

（3）参考工作条件

① 灯电流 5mA，波长 214.4nm。

② 载气流量：0.6L/min。

③ 测量方式：峰高。

④ 测量时间：10s。

（4）操作步骤

测定 NO_3^--N 经典的气液分离吸收装置如图 5-13。向图中的定量加液器中装入 $TiCl_3$ 溶液，净化管及收集器中装入颗粒状活性炭，干燥管中装入干燥剂。各部件用 ϕ4mm×6mm 的聚乙烯软管连接好。吸光管与光路平行安装在 AA-8500 原子吸收分光光度计的火焰燃烧器上。向水浴中加入足量的自来水，升温至 75℃ 待用。

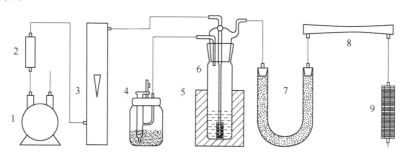

图 5-13 NO_2^--N 气液分离吸收装置示意图

1—空气泵；2—净化管；3—流量计；4—定量加液器；5—水浴；
6—反应瓶；7—干燥管；8—吸光管；9—收集器

① 标准曲线的绘制

a.分别向 6 个反应瓶中加入 2mL 绘制标准曲线各点的 NO_3^--N 标准液，各加入 2 滴氨基磺酸及 3mL HCl，各反应瓶放入水浴中加热 10min。

b.从 0.00μg/mL 标准液开始，依次从水浴中取出反应瓶，立即盖上反应瓶盖，用定量加液器加入 0.5mL TiCl₃，及时通入 0.5L/min 的载气测定吸光度，绘制标准曲线。

② 水样的测定

a.取水样 2mL（NO_3^--N≤20mg/L）于反应瓶的底部，加入 2 滴氨基磺酸，再加入 3mL HCl 后，放入水浴中加热 10min（以 10 个样品计）。

b.依次从水浴中取出反应瓶，立即盖上反应瓶盖，用定量加液器加入 0.5mL TiCl₃，通入 0.5L/min 的载气测定吸光度，测定的吸收峰如图 5-14。测定水样前测定空白样进行空白校正。

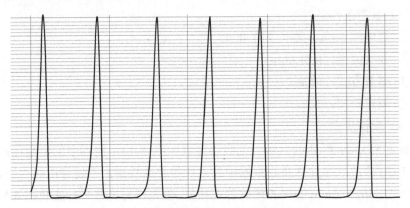

图 5-14　重复测定 NO_3^--N 记录的吸收峰

图 5-14 是重复测定（n=7）5μg/mL NO_3^--N 标准溶液，平均吸收峰高 131mm，相对标准偏差 CV=0.74%。这是笔者 1992 年用 AA-8500 原子吸收分光光度计实测的结果。

按照图 5-13 的气液分离吸收装置测定 NO_3^--N，虽然操作烦琐，但这是测定操作的基础，清楚测定原理，掌握好这种基础性操作，有利于掌握好自动化仪器的测定方法。

5.2.4.2　半自动化仪器测定法（定量进样方式）

（1）用水与试剂

① 参照 5.2.4.1 中方法制备用水。

② 载流液：于 800mL 烧杯中加入 300mL 水、200mL 浓 HCl、100mL TiCl₃溶液及 30mL 无水乙醇，充分搅拌混匀，冷却至室温待用。加入无水乙醇的目的是降低反应液表面张力，使 NO 更容易转入气相进入吸光管，可提高方法的测定灵敏度。

③ 绘制标准曲线的标准溶液：参见 5.2.4.1 经典仪器测定方法，配制

0.00μg/mL、1.00μg/mL、2.00μg/mL、3.00μg/mL、4.00μg/mL、5.00μg/mL 的 6 点标准液。

④ 其它试剂同 5.2.4.1 经典仪器测定法。

（2）仪器及装置

① 气相分子吸收光谱仪。

② 气液分离吸收装置，内置测量系统如图 5-15 所示。

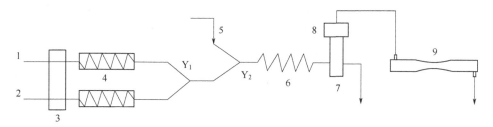

图 5-15　自动气液分离吸收装置示意图

1—泵管 1，接水样；2—泵管 2，接载流液；3—蠕动泵；4—加热装置；5—载气；
6—气液分离盘管；7—气液分离瓶；8—除水冷阱；9—吸光管；Y_1,Y_2—三通

③ 光源：镉（Cd）空心阴极灯。

（3）参考工作条件

① 蠕动泵转速：75r/min。

② 加热器温度：80℃。

③ 载气流量：0.5L/min。

④ 清洗液路时间：20s。

⑤ 吹气至仪器读数回零时间：25s。

⑥ 进样时间：15s。

⑦ 排液时间：0s。

⑧ 测量时间：10s。

（4）操作步骤

① 照图 5-15 的气液分离吸收装置，将泵管 1 插到装有载流液的试剂瓶中，吸取 $TiCl_3$ 载流液。

② 泵管 2 由自动进样的吸管按顺序从进样盘上的刻度试管中吸取标准液及水样进行测定。

③ 一键启动，蠕动泵按图 5-15 的流程，从左至右顺序工作，70s 就能得到分析结果。测量过程是水样和载流液分别通过蠕动泵管，分别流经加热器加热

后汇合，并与引入的载气一同进入气液分离盘管，NO_3^- 在管路中由于载气的作用分解产生了 NO，管内液体和 NO 继续进入气液分离瓶时，瓶中的液体自动排出。NO 则从气液分离瓶的上部通过冷阱除去水分，进入吸光管测定 NO 的吸光度。与经典仪器一样，得到的吸收峰形如图 5-16。

④ 水样、试剂、载气在图 5-15 的气液分离盘管中的流动状态如图 5-7 所示，由于载气气泡的间隔作用，产生了物理化学反应。气泡限制了水样的扩散，对水样和试剂起到了搅拌作用，使它们充分流动混合，反应产生了 NO。试验证明，气液分离盘管的曲率半径小一些，能够提高气液分离效果。图 5-16 显示，泵管内（70±2）℃的热溶液使 NO 出峰迅速，达到最高峰时间约 2.7s，比常温下 NO_2^--N （图 5-4）最高峰时间（6.0s）约提前了 3.3s，而且吸光度也得到了较大提高。

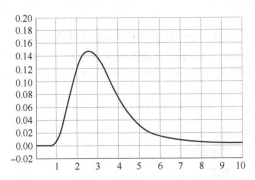

图 5-16　定量进样测得 NO_3^--N 的吸收峰

5.2.5　测定方法的条件试验

5.2.5.1　反应液浓度的影响

确认所用 HCl 反应液无空白时，按测定方法，试验了 1～6mol/L 盐酸浓度对吸光度的影响，对某工厂冷循环水中 NO_3^--N 进行测定，所得结果表明，在 2～5mol/L HCl 浓度下 NO 吸光度较高且稳定，可保证 $TiCl_3$ 的还原效率。图 5-17 显示，酸度低于 2mol/L，吸光度有一定降低。

5.2.5.2　反应液体积的影响

当使用的去离子水和 HCl 无空白，载气流量 0.5L/min 时，试验证明，反应液体积在 4～6mL 范围吸光度较高，见图 5-18。如果用水和 HCl 空白高，反应液体积就应该严格准确控制。测定微量 NO_3^--N 时，为增加吸光度，测定体积可用到 8mL。

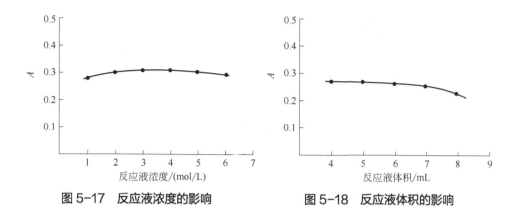

图 5-17　反应液浓度的影响　　　　　图 5-18　反应液体积的影响

5.2.5.3　TiCl₃ 还原剂用量的影响

试验改变了 TiCl₃ 的用量，5mL 10μg/mL 的 NO_3^- 还原分解成 NO，加入的 TiCl₃ 从 0.5mL 增加到 1.5mL，吸光度都是稳定的，见图 5-19。考虑到水样中可能含有氧化性物质，也会消耗 TiCl₃，要保证还原反应完全，以加入 TiCl₃ 后水样能够保持紫红色不褪色为准。TiCl₃ 本身无空白，可多加一点，但是不要使测定体积变化过大而影响测定结果。

5.2.5.4　载气流量的影响

在反应体积 5mL 时，试验了载气流量从 0.1～0.7L/min 变化时，载气流量在 0.5～0.7L/min 时测得的吸光度较平稳，见图 5-20。在这一载气流量下不仅测得的吸光度稳定，而且出峰和回零均较快。载气流量小，出峰缓慢，但是吸光度高一些，所以在实际测定时，对 NO_3^--N 含量低的水样，可选用较小的载气流量。

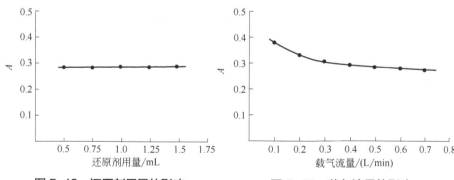

图 5-19　还原剂用量的影响　　　　　图 5-20　载气流量的影响

5.2.5.5 反应液温度的影响

在常温下（如 25℃），5μg/mL NO_3^- 完全还原成 NO 的时间约 5min，当提高反应液温度时，反应速度加快，为使反应能在瞬间完成，试验了从 25℃升温到 73℃过程中反应液温度对吸光度的影响，结果如表 5-7。

表 5-7　反应液温度对吸光度的影响

反应液温度/℃	25	50	55	60	65	68	70	73
吸光度	0.121	0.160	0.168	0.180	0.188	0.191	0.190	0.190

表 5-7 说明，反应液温度在 68～72℃时，NO_3^- 可瞬间还原，得到的 NO 吸光度最高且稳定。据此确定了反应液温度为（70±2）℃。

5.2.5.6 还原时间的影响

在规定的（70±2）℃液温条件下，加入 $TiCl_3$ 后，只要在 10s 内通入载气，都能得到稳定的吸光度。时间拖得长，液温低于 70℃，NO_3^- 还原不完全，使吸光度降低或不稳定。为保证还原温度，用经典仪器测定时，应将水浴紧挨着放在主机仪器前面或左侧，使所有加热的反应瓶都放在水浴中保温，测完一个水样仅取出磨口盖，边通载气边洗涤磨口盖和砂芯。停止通气，将其盖入下一水样瓶。这样的测定可使各水样瓶内液体温度保持一致，测定的吸光度就会稳定。如果水浴体积较大，距离主机有一定距离（但一定要在同一房间内），水浴温度可酌情设定为 80℃。从水浴中取出每一个反应瓶，迅速拿到主机仪器边上加入 $TiCl_3$，测定时间保持一致，使每一个反应瓶液温都不低于 68℃；也可以使用泡沫塑料制成的保温套，将从水浴中取出的样品反应瓶保温，这样做更容易保持各反应瓶液温一致，使测定的吸光度稳定。

对于用蠕动泵进样的仪器，定时定量进样的方式要控制好进样时间，只可以使加热时段的水样进入气液分离盘管。连续进样方式则要全程保证液温 80℃。

通过以上 6 个影响分析结果的相关条件试验得知，用气相分子吸收光谱法测定 NO_3^--N，不仅操作简便，而且每一个测定条件都有较宽的范围，方法容易掌握，最关键的就是保证反应液的温度，操作者必须掌握这一关键操作。

5.2.6 反应机理的探讨

硝酸盐是无机氮化物中最稳定的，要将 NO_3^- 快速还原分解成氮氧化物气体是很难的。为将其分解成可以对光产生吸收的气体，用以测定 NO_3^--N，笔者通过多方试验,查阅了许多文献资料。终于找到了可以把 NO_3^- 还原成 NO 的 $TiCl_3$ 还原剂。

所用的试验方法是,在较强的 HCl 介质中,向 NO_3^- 溶液中加入 $TiCl_3$ 溶液。通入载气,把还原产生的 NO 载入吸光管,立即关闭载气并将吸光管出气口封住,用 D_2 灯从 200nm 波长扫描至 230nm,NO 从左到右在 205.0nm、214.3nm 及 226.4nm 三个波长处,产生了光谱带宽比较狭窄的锐线吸收峰,见第 4 章图 4-18。

5.2.7 方法的技术指标

5.2.7.1 吸光度与 NO_3^--N 浓度的线性关系

从 NO_3^- 被还原成 NO 所产生的三条吸收线强度来看,由于它们具有不同的吸收灵敏度,因此吸光度与浓度的线性范围及曲线的斜率是不同的。试验证明,在 214.3nm 的吸收波长处测定 NO_3^--N 的吸光度最高。使用相近的镉(Cd)空心阴极灯光源的 214.4nm 波长测定,在 30mg/L 浓度左右吸光度与 NO_3^--N 浓度成线性关系;用吸收灵敏度稍低一点的 205.0nm 及 226.4nm 的波长,在 40mg/L 浓度左右可成线性关系。图

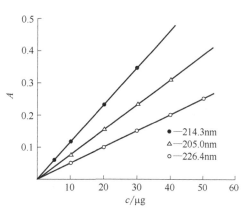

图 5-21 NO 吸光度与 NO_3^- 浓度的线性关系曲线

5-21 为三条不同波长处测得的 NO 吸光度与 NO_3^--N 浓度的线性曲线。

5.2.7.2 检出限、精密度与准确度

(1)检出限

本方法检出限是通过 6 个实验室测定空白样($n=6$)的标准偏差,以 3 倍标准偏差除以标准曲线斜率及测定体积,得出各实验室方法的检出限。然后对 6 个实验室得到的检出限进行统计计算,取实验室间最大值作为方法的检出限。根据 6 个实验室验证的数据,最后得出方法的检出限为 0.006mg/L(表 5-8)。

表 5-8 说明,气相分子吸收光谱法的检出限低于酚二磺酸光度法,更能满足实际监测的需求。

表 5-8　检出限测量数据

实验室 编号	检出限 /(mg/L)	6 次空白测定值 标准偏差	标准曲线 斜率	标准曲线 相关系数	测定体积 /mL
1	0.0042	0.000063	0.0090	0.9997	5
2	0.0061	0.000075	0.0074	0.9997	5
3	0.0040	0.000063	0.0092	0.9998	5
4	0.0060	0.000090	0.0093	0.9994	5
5	0.0061	0.000075	0.0083	0.9994	5
6	0.0060	0.000100	0.0100	0.9997	5
平均值	0.0055	0.000078	0.0089	0.9996	5

（2）精密度

以某化工厂的冷循环水（内含 205.2mg/L NO_2^-）进行测定（$n=8$），测定结果的平均值为 11.83mg/L，相对标准偏差为 0.88%，如表 5-9。

表 5-9　重复测定结果的相对标准偏差

水样名称	分析结果/(mg/L)				平均结果/(mg/L)	CV/%
冷循环水 1	11.85	11.95	11.72	11.75	11.83	0.88
冷循环水 2	11.72	11.95	11.78	11.95		

（3）准确度

测定了编号为 3810117 的 NO_3^--N 统一标样，测定的准确度如表 5-10。

表 5-10　统一标样测定的准确度　　　　　　　　　单位：mg/L

实验室编号	1	2	3	4	5	6	平均值	CV/%
1	0.599	0.586	0.592	0.586	0.602	0.582	0.593	1.3
2	0.581	0.595	0.579	0.590	0.589	0.574	0.585	1.4
3	0.605	0.584	0.605	0.591	0.586	0.600	0.595	1.6
4	0.581	0.600	0.574	0.598	0.581	0.586	0.587	1.7
5	0.592	0.589	0.592	0.587	0.590	0.583	0.589	0.6

注：标样值为（0.595±0.026）mg/L。

表 5-10 显示，5 个实验室测定的标样，最大值 0.605mg/L，最小值 0.574mg/L，与 0.595mg/L 标样值相比较，最大差值未超过规定的 0.026mg/L 的不确定度。

（4）标准加入回收率

取某化工厂冷循环水（含 301.5mg/L NO_2^-）20mL 于 25mL 容量瓶中，加

入 4~16mg/L NO₃⁻-N，加水稀释至标线摇匀，放置 2 天。取 1.0mL 上述水样于图 5-13 的反应瓶中，按测定方法进行测定（$n=4$），所得回收率在 99.2%～104%，见表 5-11。

经统一标样的测定和加标回收试验，测定结果完全符合要求。证明本方法对含有大量 NO_2^- 的冷循环水和基体复杂的某检测中心中和槽废水中 NO_3^--N 的测定，均能得到可信赖的分析结果。

表 5-11　标准加入回收率

序号	水样 NO_2^--N/(mg/L)	加入 NO_3^--N/(mg/L)	测得 NO_3^--N/(mg/L)	回收率/%
1	8.78	4.0	4.16	104
2	8.78	8.0	8.27	103
3	8.78	12.0	11.9	99.2
4	8.78	16.0	16.0	100

5.2.8　分析结果对照

按气相分子吸收光谱法对某环境监测站日常分析的水样进行 NO_3^--N 的测定，测定结果与离子色谱法及百里酚蓝分光光度法做比较，结果见表 5-12 和表 5-13。

表 5-12　气相分子吸收光谱法与离子色谱法分析结果对照

序号	样品名称	气相分子吸收光谱法结果/(mg/L)	离子色谱法结果/(mg/L)
1	饮用水	0.74	0.77
2	饮用水	0.89	0.90
3	饮用水	0.92	0.90
4	长江水	2.24	2.21
5	长江水	2.50	2.49
6	长江水	5.34	5.36
7	工业水	2.41	2.42
8	工业水	2.30	2.38
9	工业水	5.09	5.09
10	冷循环水	10.34	9.92
11	冷循环水	9.33	9.45

从表 5-12 的分析结果来看，气相分子吸收光谱法测定 NO_3^--N 的结果与国家环境保护部推荐的离子色谱法一致。为进一步证明气相分子吸收光谱法测定

结果的可靠性，根据文献用百里酚蓝分光光度法对测定结果进行对比，结果列于表 5-13。三种方法测定结果基本一致。

表 5-13　气相分子吸收光谱法与百里酚蓝分光光度法分析结果对照

序号	样品名称	气相分子吸收光谱法结果/(mg/L)	百里酚蓝分光光度法/(mg/L)
1	饮用水	2.16	2.21
2	饮用水	2.43	2.38
3	饮用水	2.50	2.43
4	长江水	2.07	2.16
5	长江水	3.78	3.78
6	长江水	3.48	3.46
7	工业水	1.35	1.33
8	工业水	5.12	5.11
9	工业水	4.20	4.22
10	冷循环水	10.35	10.34
11	冷循环水	12.00	12.35
12	冷循环水	51.00	51.15

溴百里酚蓝分光光度法也是测定 NO_3^--N 较可信赖的一种方法。方法简便、快速、准确，应给予应有的重视。

气相分子吸收光谱法测定 NO_3^--N 工艺先进，操作简便，测定灵敏度高，分析结果精确，抗干扰性能强，尤其不受水样颜色和浑浊物的影响。与酚二磺酸分光光度法相比，分析速度提高了约 60 倍，与戴氏合金还原法相比，提高了约 150 倍。

5.3　NH₃-N 的测定

水中 NH₃-N 主要以铵离子（NH_4^+）形态存在，也以游离氨（NH_3）的形态存在。地表水和废水中天然含有铵盐，铵盐以氮肥等形式被大量施加于农田中，随地表径流于地表水中。含氮有机物的分解产物是铵盐广泛存在于江河湖海中的主要原因。在地下水中铵的浓度很低，因为它被吸附到了土壤和黏土上，不容易从土壤中沥出。

铵的工业污染来源于氮肥、硝酸、炼焦、煤气、硝化纤维、人造丝、合成橡胶、碳化钙、燃料、烧碱等的生产，电镀过程以及石油开采和石油产品的加工过程中。

NH₃-N 的测定方法比较多，最常用的是纳氏试剂分光光度法（简称纳氏试剂光度法）和容量法，这两种方法环境监测部门用得比较多。

此外，还有水杨酸次氯酸盐分光光度法，但由于其反应机理复杂，发色时间、温度、pH 值等条件苛刻，测定时间长达 2h，而且分析结果不够稳定，要求分析者操作技术高，方法实用性欠佳，这里不作赘述。

从图 5-22 来看，纳氏试剂是测定 NH₃-N 灵敏度最低的方法，但是相对来说，方法容易掌握，测定结果可靠，采用多取水样的方法可以弥补灵敏度低的不足，所以环境监测等部门依然用纳氏试剂光度法测定 NH₃-N。

纳氏试剂光度法测定 NH₃-N 的方法原理是，用纳氏试剂（碘化汞与碘化钾的碱性溶液）与铵离子生成淡红棕色胶体化合物，在 410～425nm 波长范围测定淡红棕色胶体化合物的吸光度。

5.3.1 方法原理

高凤鸣等人测定海水中 NH₃-N 的 NaBrO 氧化法，是将 NH₃-N 氧化成为 NO_2^--N，使用磺胺与 NO_2^--N 发色后，用分光光度法测定 NH₃-N。他们的试验证明，NaBrO 氧化法测定 NH₃-N 的灵敏度是最高的，见图 5-22。在一定的含量范围内，能够将 NH₃-N 定量地氧化成为 NO_2^--N 的氧化率在 97% 以上。试验证明在常温下氧化 30min，可将 7.14μg/L NH₃-N 100%氧化成为 NO_2^--N。方法的准确度和精密度都很好。

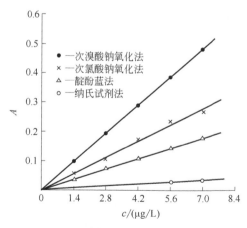

图 5-22 测定 NH₃-N 方法的灵敏度

气相分子吸收光谱法就是借鉴了该文献所述的 NaBrO 氧化法。将 NH₃-N 氧化成为 NO_2^--N 后，按照测定 NO_2^--N 的气相分子吸收光谱法进行 NH₃-N 的测定。

由于文献所述方法是用来测定海水中低含量 NH_3-N，方法均以 7.14μg/L NH_3-N 进行试验。因此，所拟定的方法适合海水中低含量 NH_3-N 的测定，不适用于环境监测等部门的高 NH_3-N 含量水样的测定。

为了提高 NaBrO 氧化 NH_3-N 的浓度，笔者在采用气相分子吸收光谱法的试验过程中，对原方法的试验条件做了一些改进，将 NH_3-N 的氧化浓度由 7.14μg/L 扩大到了将近 1mg/L。而近年来，在环境监测工作者的不断努力下，次溴酸盐中的 $KBrO_3$ 和 KBr 的浓度增大了一倍，竟然使 NH_3-N 的最大氧化浓度扩大到了近 2mg/L。这大大降低了气相分子吸收光谱法测定 NH_3-N 的检出限，也提高了方法的测定精密度和准确度。

NaBrO 氧化铵离子的化学反应式如式（5-1）～式（5-3）：

$$BrO_3^- + 5Br^- + 6H^+ \Longrightarrow 3Br_2 + 3H_2O \tag{5-1}$$

$$Br_2 + 2NaOH \Longrightarrow NaBrO + NaBr + H_2O \tag{5-2}$$

$$3BrO^- + NH_4^+ + 2OH^- \Longrightarrow NO_2^- + 3Br^- + 3H_2O \tag{5-3}$$

其中，式（5-1）与式（5-2）为产生 NaBrO 氧化剂的化学反应；式（5-3）是 NaBrO 氧化 NH_3-N 成为 NO_2^--N 的化学反应。

5.3.2 适用范围

本法适用于地表水、地下水、海水、饮用水、生活污水及工业排放水中 NH_3-N 的测定。方法的检出限为 0.01mg/L，测定下限 0.05mg/L、上限 50mg/L。

5.3.3 NH_3-N 空白的降低

无论是水、试剂、空气还是某些容器中都会存在氨或铵，甚至是有机胺。这对 NH_3-N 特别是微量 NH_3-N 的测定结果具有较大影响，往往得不到准确结果。因此要特别注意降低 NH_3-N 的空白值。

5.3.3.1 测定 NH_3-N 的环境要求

自然界充斥着大量氮化物，NH_3-N 的污染日趋严重，因此在分析检测 NH_3-N 时不仅要消除用水和试剂的空白，还要求实验室环境清洁，空气新鲜流通，室内人员不宜多，室内不得有氨气，不得存放任何铵盐试剂。

5.3.3.2 容器及其清洁处理

为保证所配标准溶液不受污染、浓度不变，应该选用既不吸附也不溶出铵或氮的硅硼硬质玻璃容器保存标准溶液。存放标准溶液的容量瓶洗刷干净后要用 3mol/L NaOH 溶液浸泡 1h，用自来水洗掉碱液后，再用 1∶3❶的 H₂SO₄ 浸泡 24h，用自来水洗涤后再用无氨水洗净。

5.3.3.3 NH₃-N 标准液的特别处理

海水养殖监测的水样，NH₃-N 含量往往低至 10^{-2}μg/mL 量级，使用的标准液浓度也很低，应将分装的标准液灭菌处理，将储存的标准液放入烘箱内，于 110℃ 保温加热灭菌 1h，隔天再重复一次。灭菌处理前后的标准液浓度变化应不超过 ±2%。

5.3.4 测定方法

5.3.4.1 经典仪器测定法

（1）用水与试剂

① 无氨水的制备：向水中加入 H₂SO₄ 至 pH<2，使水中各种氨或胺转变成不挥发的铵盐留在水中，蒸馏出的水即为无氨水。

② 无 NO_2^--N 水的制备，参照 5.1.4.1 节。

③ 盐酸：c(HCl)=4.5mol/L 及 c(HCl)=6mol/L。

④ NaOH：w=40%，称取 100g NaOH 溶解于 1L 刻度烧杯中，加水稀释至 500mL，于电热板上煮沸，待体积浓缩至准确的 250mL，迅速流水冷却至室温，转移至聚乙烯瓶中保存。

⑤ 无水乙醇：分析纯。

⑥ 溴酸盐贮备液：称取 2.80g KBrO₃ 及 20.0g KBr，溶解于 500mL 无氨水中，于硬质玻璃试剂瓶中保存，该贮备液可常年使用。

⑦ NaBrO 氧化剂：吸取 2.0mL 溴酸盐贮备液于 250mL 棕色容量瓶中，加入 100mL 无氨水及 6mL 6mol/L HCl 溶液，立即密塞轻轻摇动一下，于暗处避光放置 5min，加入 100mL 40%NaOH 溶液，迅速盖紧瓶塞，缓慢地充分混匀，待溶液中小气泡完全消失，于室温平衡后使用。使用时间不得超过两天。

⑧ NO_2^--N 标准使用液（10μg/mL）：用市售的 1000μg/mL NO_2^--N 标准溶液逐级稀释而成。

⑨ 绘制标准曲线的各点标准液浓度：用微量移液器吸取 NO_2^--N 标准使用液，配制成 0.00μg/mL、0.25μg/mL、0.50μg/mL、1.00μg/mL、1.50μg/mL、

---

❶ 表示酸与水的体积比为 1∶3，全书同。

2.00μg/mL 的 6 点标准液。

（2）仪器及装置

① 气相分子吸收光谱仪。

② 光源：锌（Zn）空心阴极灯。

③ 微量移液器：50～250μL 可调。

④ 气液分离吸收装置及各部件的连接，参照图 5-1。

（3）参考工作条件

① 灯电流 5mA，波长 213.9nm。

② 载气流量：0.6L/min。

③ 测量方式：峰高。

④ 测量时间：10s。

（4）操作步骤

① 水样的氧化　用刻度移液管吸取适量水样（NH_3-N≤95μg）于 50mL 容量瓶中，加入 25mL NaBrO 氧化剂，用水稀释至刻度，摇匀，于室温 20℃氧化 20min。同时于 50mL 容量瓶中氧化等体积的无氨水，做空白校正。

② 标准曲线的绘制　参照图 5-1 NO_2^--N 的经典仪器测定方法中对标准曲线的绘制，依次吸取各点标准液 2mL 测定吸光度，绘制标准曲线。

③ 水样的测定　依次吸取 2mL 经过氧化的空白水及水样，参照图 5-1 的气液分离吸收装置，测定空白及水样的吸光度，计算结果。

5.3.4.2　自动化仪器测定法

（1）用水与试剂

① 参照 5.3.4.1 节内容制备无氨水和无 NO_2^--N 的水。

② NO_2^--N 标准使用液：用市售 NO_2^--N 标准溶液，逐级稀释成 80.0μg/mL 的标准液。

③ 绘制标准曲线的标准液：用微量移液器吸取 NO_2^--N 标准使用液，分别于刻度试管中配制成 0.00μg/mL、0.25μg/mL、0.50μg/mL、1.00μg/mL、1.50μg/mL、2.00μg/mL 的 6 点标准液。

④ 载流液：于 500mL 烧杯中加入 200mL 5mol/L HCl 及 40mL 无水乙醇，搅拌均匀即可。

⑤ 其它试剂同 5.3.4.1 节的经典测定法。

（2）仪器及装置

① 气相分子吸收光谱仪。

② 气液分离吸收装置如图 5-23。

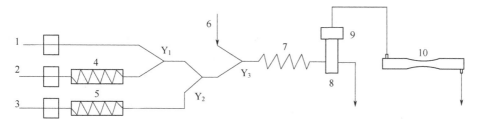

图 5-23　自动气液分离吸收装置示意图

1—进水样泵；2—进氧化剂泵；3—进载流液泵；4、5—加热器；6—载气；
7—气液分离盘管；8—气液分离瓶；9—除水冷阱；10—吸光管

③ 光源：锌（Zn）空心阴极灯。

④ 空气发生器：AGA-2L。

将氧化剂泵管插入 NaBrO 氧化剂试剂瓶中，载流液泵管插入 5mol/L HCl 和乙醇的载流液试剂瓶中，进样泵管连接到仪器进样器的吸液管上。

（3）参考工作条件

① 灯电流 5mA，波长 213.9nm。

② 载气流量：0.1L/min。

③ 加热器温度：80℃。

④ 进样及氧化剂和载流液流量：均为 10mL/min。

（4）操作步骤

一键启动，各蠕动泵按图 5-23 的顺序工作，进样器的进样管先依次自动插入标准液试管，测定吸光度后绘制标准曲线，再插入水样管测定吸光度。加热的水样先与氧化剂混合被氧化成 NO_3^-，之后与载流液汇合反应生成 NO_2，与载气一道连续不断地进入气液分离盘管，分解成的 NO_2 经过冷阱除水进入吸光管测定吸光度，反应后的废液从气液分离瓶下部排出。由于连续不断地进样测定，得到的是如图 5-8 的平台吸收峰。

5.3.5　测定方法的条件试验

5.3.5.1　水样的氧化

（1）次溴酸盐贮备液的配制

次溴酸盐贮备液应存放在磨口玻璃瓶中，不要用塑料瓶。配制次溴酸盐贮备液时，称取的 $KBrO_3$ 和 KBr 的量要准确，要保证二者比例。

（2）NaBrO 氧化剂的配制

配制 NaBrO 氧化剂时，室内温度应在 18℃以上，氧化剂中所含 NaOH 浓度不低于 5mol/L，可以得到足够量的 NaBrO。水样加入氧化剂应充分摇动混匀，在 20℃以上的室内温度下，氧化时间可缩短至 15min，2.0mg/L NH₃-N 的氧化率接近 100%。用自动化仪器测定时，水样要加热，氧化剂与水样按 1：1 混合反应，混合后液温不低于 68℃。

5.3.5.2 测定介质及其浓度的影响

（1）经典仪器测定法中，为了中和 NaBrO 氧化剂中较强的碱性，采用 HCl 介质。取 2mL 氧化的水样，加入 3mL 5mol/L HCl，5mL 测定体积的 HCl 浓度达到了表 5-1 测定 NO_2^--N 的 HCl 浓度的要求（1.5～2.5mol/L）。

（2）测定体积、载气流量的试验条件与 NO_2^--N 的测定条件一致。

（3）NaOH 浓度的影响

NH_3-N 转化为 NO_2^--N 进行测定，必须保证 NH_3-N 在一定范围内完全被 NaBrO 氧化剂氧化成为 NO_2^--N。前面已经讲述，含量达 2mg/L 的 NH_3-N 几乎完全被氧化成 NO_2^--N，氧化的效果与 NaOH 浓度有关，在配制 NaBrO 氧化剂时，NaOH 浓度会影响 NaBrO 的浓度。因此试验了在配制 NaBrO 氧化剂时，加入 NaOH 浓度的影响。随着 NaOH 浓度增高，配制的 NaBrO 氧化剂的氧化效率会逐渐提高。表 5-14 说明，配制 NaBrO 氧化剂时，1.8mg/L NH_3-N 在 NaOH 浓度增高到 20%～24%范围内得到的吸光度最高且稳定，NaOH 浓度应不得低于 20%。

表 5-14 NaOH 浓度的影响

NaOH/%	10	15	20	22	25
吸光度(A)	0.2641	0.2883	0.3055	0.3057	0.3053

（4）氧化液温度的影响

氧化液温度与氧化时间是相辅相成的，表 5-15 是在 NaOH 浓度 20%时，随着温度的增高得到的氧化率。当氧化时间为 15min 时，液温须在 20℃以上，NH_3-N 几近 100%被氧化成 NO_2^--N。

表 5-15 氧化液温度的影响

氧化液温度/℃	10	15	20	22	25
氧化率/%	87.6	97.5	99.6	99.9	100

在使用自动化气相分子吸收光谱仪与图 5-23 的气液分离吸收装置联机时，NH_3-N 需要及时被氧化成 NO_2^--N，加热器要升温至 80℃，管路流经的加热水样和试剂混合的温度不低于 68℃，水样的 NH_3-N 受热可及时被氧化成 NO_2^--N。这样方可进行快速自动化分析。

（5）NH_3-N 的氧化范围

HJ/T 195—2005 至 HJ/T 200—2005 标准方法中规定，NH_3-N 氧化成为 NO_2^--N 的浓度约为 0.9mg/L。标准发布后，在很多分析监测工作者的努力下，NH_3-N 的氧化范围被拓宽到了 2mg/L 如图 5-24 所示，2mg/L NH_3-N 不能保证 100%氧化成 NO_2^--N。因此，绘制标准曲线时，NH_3-N 最高浓度不能取 2mg/L。

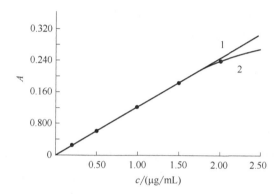

图 5-24　NO_2-N 标准曲线与 NH_3-N 氧化的工作曲线

1—NO_2-N 标准曲线；2—NH_3-N 氧化成 NO_2-N 的工作曲线

5.3.5.3　干扰及其消除

（1）NO_2^- 的消除

① 绘制出 NO_2^--N 的标准曲线后，自动化仪器可先测定出水样中 NO_2^--N 含量，接着测定 NH_3-N 的含量，仪器会自动将 NO_2^--N 扣除。但这种方法仅适合于 NO_2^--N 低于 NH_3-N 的水样，或是二者含量相差不多的情况。如果 NO_2^--N 大大高于 NH_3-N 的含量，例如 NO_2^--N 为 10mg/L，NH_3-N 仅为 0.1mg/L 时，由于两者的测量误差，扣除高含量的 NO_2^--N 后，NH_3-N 含量可能会等于零或者是负值。

不过好在一般水样中 NO_2^--N 的含量大都低于 NH_3-N 含量，所以这种扣减方法还是有一定的实用性。

②最好采用 HJ/T 195—2005 标准法。取 2mL 水样于 50mL 钢铁量瓶中，加入 0.2mL 无水乙醇，再加入 2mL 6mol/L HCl，稀释体积约 20mL，加热煮沸 2～3min，将 NO_2^--N 分解成 NO_2 彻底挥发去除后，再加 NaBrO 氧化剂氧化 NH_3-N

进行测定。这是去除 NO_2^--N 的可靠方法。

分解去除 NO_2^--N 方法看似复杂，实际并不是很麻烦，尤其是对批量水样的测定。将批量水样在电热板上一起加热煮沸，还是比较合算的。不仅如此，这样的处理方法还能消除水样中诸如硫化物、SO_3^{2-}、$S_2O_3^{2-}$、I^- 以及挥发性有机物的干扰。

（2）有机胺盐的消除

水样中存在能被 NaBrO 不同程度地氧化成 NO_2^- 的有机胺盐。据文献报道，部分有机胺的氧化率为：尿素<5%、甲胺9%、乙胺32%、丙氨酸71%、羟胺76%，还有苯胺、磺胺、氨基磺酸以及氨基苯磺酸等都会不同程度地被氧化成 NO_2^-，它们均会使测定结果偏高。遇此水样必须按照 HJ 535—2009 标准的附录4蒸馏分离去除有机胺后，再分取馏出液进行氧化测定。

5.3.6 方法的技术指标

（1）检出限

本法通过 6 个实验室测定空白样（n=6）的标准偏差，以 3 倍标准偏差除以标准曲线斜率及测定体积，得出各实验室测得的方法检出限。然后对 6 个实验室得到的检出限进行统计计算，取各实验室间最大值作为方法的检出限。根据 6 个实验室的测试数据取最大值，得出的方法检出限为 0.01mg/L（见表 5-16）。

表 5-16　检出限测量数据

实验室编号	检出限/(mg/L)	6 次空白测定值标准偏差(S_b)	标准曲线斜率(k)	标准曲线相关系数(r)
1	0.010	0.000089	0.0284	0.9997
2	0.011	0.000097	0.0250	0.9998
3	0.010	0.000075	0.0230	0.9998
4	0.008	0.000080	0.0287	0.9998
5	0.006	0.000050	0.0243	0.9997
6	0.006	0.000058	0.0293	0.9994
平均值	0.008	0.000075	0.0264	0.9997

（2）精密度

以 5 个实验室对实际水样进行测定，考核测定结果的相对标准偏差，结果列于表 5-17。最大相对标准偏差为 3.3%。

表 5-17　实际水样的测定　　　　　　　　　　单位：mg/L

实验室编号	1	2	3	4	5	6	平均值	CV/%
1	2.60	2.53	2.61	2.60	2.54	2.61	2.58	1.4
2	1.10	1.14	1.09	1.13	1.06	1.14	1.11	2.8
3	2.46	2.42	2.38	2.46	2.39	2.44	2.42	1.4
4	3.94	3.79	3.85	3.94	3.96	3.80	3.88	2.0
5	7.64	7.42	7.13	7.70	7.85	7.47	7.53	3.3

（3）准确度

① 统一标样的测定　为考查本方法的准确度，5 个实验室测定了 NH_3-N 浓度（1.08±0.06）mg/L 的 200526 号统一标样，各重复测定 6 次。重复测定的最大相对标准偏差为 1.6%。最大值 1.09mg/L，最小值 1.03mg/L，见表 5-18。差值均未超过 0.06mg/L 的不确定度，测定方法的相对标准偏差和准确度均较好。

表 5-18　统一标样的测定　　　　　　　　　　单位：mg/L

实验室编号	1	2	3	4	5	6	平均值	CV/%
1	1.07	1.06	1.09	1.05	1.08	1.09	1.07	1.5
2	1.03	1.05	1.04	1.05	1.05	1.08	1.05	1.6
3	1.08	1.06	1.05	1.08	1.04	1.06	1.06	1.5
4	1.08	1.06	1.07	1.07	1.09	1.08	1.08	1.1
5	1.07	1.06	1.09	1.05	1.08	1.09	1.07	1.5

注：标样值为（1.08±0.06）mg/L。

② 加标回收率　对 NH_3-N 含量 0.14～3.83μg/mL 的实际水样进行加标回收试验，加标量为 0.1～1.5μg/mL，所得加标回收率在 93.0%～105% 之间。

5.3.7　分析结果对照

对多种水样进行测定，测定结果与常用的纳氏试剂光度法对比，一致性较好，见表 5-19。

表 5-19　气相分子吸收光谱法与纳氏试剂光度法分析结果对照

序号	编号	水样名称	气相分子吸收光谱法/(mg/L)	纳氏试剂光度法/(mg/L)	相对误差/%
1	05H-805	桥下涨潮水	0.84	0.90	3.4
2	05H-806	××路桥下水	15.92	13.3	9.0

序号	编号	水样名称	气相分子吸收光谱法/(mg/L)	纳氏试剂光度法/(mg/L)	相对误差/%
3	05H-807	××路桥下水	3.98	4.25	3.3
4	05H-808	××路桥下水	5.17	6.04	7.8
5	05H-809	××路桥下退潮水	5.41	5.91	4.4
6	05H-8010	××路桥下水	6.81	7.03	5.5
7	05H-8011	××路桥下水	7.11	6.80	2.7
8	05H-8012	××路桥下水	6.55	6.44	0.8
9	05H-8019	××地表水	3.32	3.48	2.4
10	05H-8020	××地表水	3.49	3.45	0.6
11	05H-8021	××地表水	3.30	3.22	1.2
12	05H-8022	××地表水	3.40	3.70	4.2
13	05H-1879	航空特种车辆公司排水	62.3	66.3	3.1
14	05H-1880	航空特种车辆公司排水	64.9	65.0	0.07
15	05H-1883	航空特种车辆公司排水	11.2	10.1	5.2
16	05H-1884	航空特种车辆公司排水	9.10	8.68	1.3
17	05H-2154	永伦印刷有限公司排水	36.5	38.4	2.5
18	05H-1947	引发剂有限公司排水	3.23×10^3	3.32×10^3	1.4
19	05H-1889	上景制药厂排水	1.42	1.57	5.0
20	05H-1551	污染事故水样	3.53	3.90	5.0

5.4 凯氏氮的测定

　　环境水中含氮的化合物主要为硝酸盐、亚硝酸盐、铵盐和有机含氮化合物。各种形态的含氮化合物在水中通过生物化学反应相互转化,从而形成氮的循环。

　　生活污水和某些工业废水(如食品、生物制品、缫丝以及制革等工业的废水)中常见的有机含氮化合物以蛋白质及其分解产物为主。当这类产物的污水或废水进入水系,受微生物的作用而分解,会消耗水中的溶解氧,造成水质恶化。因而凯氏氮常被作为判别水系受污染的指标之一,尤其是在同时测定水中3种无机含氮化合物时,有助于分析水系受污染的程度和自净状况。

　　湖泊及水库水中所含的无机含氮化合物,可因藻类的繁殖进行生物合成而转变为蛋白质类有机含氮化合物。因此测定有机氮亦是了解湖泊、水库富营养化状况的一个指标。

凯氏定氮法是 1883 年由 J. Kjeldahl 建立的用于研究蛋白质变化的全氮量的测定方法，此后人们用来测定各种形态的有机氮。方法是使用硫酸或磷酸分解有机含氮化合物，使负三价态的氮化合物消解成为铵，在含硫酸的情况下，生成硫酸氢铵。

凯氏氮的测定方法是将水样中上述成分，用专用的凯氏定氮仪或测定 NH_3-N 的蒸馏装置进行消解、蒸馏，将含氮化合物消解转化成铵盐，再将铵盐蒸馏出的氨吸收于硼酸溶液中，剩余的硼酸以标准碱液滴定或将吸收液的铵盐与纳氏试剂发色，用分光光度法测定。图 5-25 揭示，用凯氏定氮仪测定水样，每一个水样都要用一套凯氏定氮装置。该装置的安装、拆卸和洗涤是非常麻烦的，使用这套装置，一个操作人员每个工作日可完成测定的水样有限，不可能做批量分析。

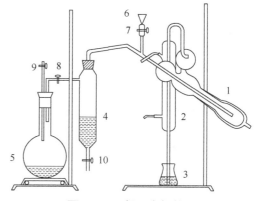

图 5-25　凯氏定氮装置

1—蒸馏瓶；2—冷凝器；3—承受瓶；4—分水桶；5—蒸汽发生器；6—加液漏斗；7,8,9—螺旋夹；10—活塞开关

气相分子吸收光谱法测定凯氏氮，最大的特点就是不使用图 5-25 中结构复杂，安装、拆卸、洗涤烦琐的凯氏定氮仪或氨氮的蒸馏装置进行蒸馏。而是使用普通的 150mL 小烧杯将水样消解后，转入容量瓶中，加入 NaBrO 氧化剂，将铵盐氧化成亚硝酸盐，以测定 NO_2^--N 的气相分子吸收光谱法进行凯氏氮的测定，可以方便、大批量地测定水样中的凯氏氮。

本节描述用经典和自动化的气相分子吸收光谱仪器测定凯氏氮的方法，对经典仪器的测定方法描述得比较详尽，能够搞清楚经典仪器的测定方法原理和测定的详细过程，意在使读者加深使用气相分子吸收光谱法和仪器测定凯氏氮的理解。

5.4.1　方法原理

高温下 H_2SO_4 作为一种强氧化剂，在 $CuSO_4$ 催化剂的作用下，将水样中的游离氨、铵盐及有机含氮化合物的碳，氧化生成二氧化碳。

简要反应式如下：

$$H_2SO_4 \!\!=\!\! SO_3 + H_2O$$
$$2SO_3 \!\!=\!\! 2SO_2 + 2[O]$$

$$C + 2[O] = CO_2$$

水样中的蛋白质在高温 H_2SO_4 的作用下水解成为氨基酸，继而脱氢，最后生成硫酸氢铵。

$$NH_2CH_2CH_2COOH + 7H_2SO_4 = NH_4HSO_4 + 3CO_2\uparrow + 6SO_2\uparrow + 8H_2O$$

气相分子吸收光谱法就是将生成的铵盐按照 NH_3-N 的测定方法，用 NaBrO 氧化剂将铵盐氧化成亚硝酸盐后，以测定 NO_2^--N 的方法测定水样中的凯氏氮。

5.4.2 适用范围

本法适用于湖泊、水库和江河水中凯氏氮的测定，也可用于某些工业排放水及生活污水中凯氏氮的测定。方法检出限 0.02mg/L，测定下限 0.1mg/L，测定上限 200mg/L。

5.4.3 测定方法

5.4.3.1 经典仪器测定法

（1）用水与试剂

① 参照 5.3.4.1 节内容制备无氨水和无亚硝酸盐的水。

② 盐酸：$c(HCl) = 5mol/L$，$c(HCl) = 6mol/L$。

③ 硫酸：$c(H_2SO_4) = 18mol/L$。

④ 硫酸钾（K_2SO_4）：固体。

⑤ 硫酸铜（$CuSO_4$）溶液：称取 5g $CuSO_4 \cdot 5H_2O$ 溶于无氨去离子水中，用无氨水稀释至 100mL。

⑥ 氢氧化钠溶液：$w(NaOH) = 40\%$，称取 100g NaOH 溶于 800mL 刻度烧杯中的无氨水中，用无氨水稀释至 500mL，盖上表面皿加热煮沸，待体积蒸发至准确的 250mL，迅速用流水冷却至室温，移入聚乙烯瓶中密闭保存。

⑦ 无水乙醇：分析纯。

⑧ 溴酸盐贮备液：称取 2.8g $KBrO_3$ 及 20g KBr，溶解于 500mL 无氨水中，保存于玻璃试剂瓶中，该试剂可常年使用。

⑨ NaBrO 氧化剂：吸取 2mL 溴酸盐贮备液于 250mL 棕色容量瓶中，加入 100mL 水及 6mL 6mol/L HCl，轻轻摇动一下，立即放入黑暗的试剂柜内 5min，加入 100mL 40% NaOH 溶液，立即密塞，充分混匀，待小气泡逸尽、液温与室内温度平衡后使用。

⑩ 绘制 NO_2^--N 标准曲线的标准溶液：用微量移液器吸取市售的 1000μg/mL NO_2^--N 标准液，逐级稀释，配制成 0.00μg/mL、1.00μg/mL、2.00μg/mL、3.00μg/mL、4.00μg/mL、5.00μg/mL 的 6 点标准溶液。

（2）仪器及装置

① 气相分子吸收光谱仪。

② 气液分离吸收装置及各部件的连接参照图 5-3。

③ 光源：锌（Zn）空心阴极灯。

④ 微量移液器：50～250μL 可调。

⑤ 定量加液器：500mL 玻璃瓶，加液量 0～5mL 可调。

（3）参考工作条件

① 灯电流 5mA；波长 213.9nm。

② 载气流量：0.6L/min。

③ 测量方式：峰高。

④ 测量时间：10s。

（4）水样的消解

参照表 5-20 取水样于 150mL 烧杯中，加入 2.5mL H_2SO_4、0.4mL $CuSO_4$、1.2g K_2SO_4 及 0.3mL 无水乙醇，摇匀。盖上表面皿，于通风橱的电热板上加热煮沸至冒白烟，继续加热至溶液变清，降低温度，保持溶液微沸状态 30min。冷却后移入 100mL 容量瓶中，加水稀释至标线，摇匀。同时消解空白水样。

表 5-20　凯氏氮含量与相应的取样体积

凯氏氮含量/(mg/L)	取样体积/mL	凯氏氮含量/(mg/L)	取样体积/mL
<5	50	10～15	10
5~10	25	50～200	5

从上述 100mL 容量瓶中吸取≤20mL 消解液（含氮量≤95μg）于 50mL 容量瓶中，加入 30mL NaBrO 氧化剂，加水稀释至标线。混匀后，在不低于 18℃ 室温下放置氧化 20min 待测，室温超过 20℃，氧化时间可缩短至 15min。

（5）操作步骤

① 标准曲线的绘制

a. 打开图 5-3 反应瓶的活塞放出废液并关闭，用定量加液器向该反应瓶中加入 3mL 载流液。

b. 从反应瓶进气口通入 0.6L/min 载气，清洗反应瓶及砂芯，待仪器读数回零，停止通气。

c. 吸取零标准液，从反应瓶的加液嘴加入反应瓶中，立即将橡胶帽套在加液嘴上。

d. 再次通入载气，测定零标准液的吸光度。

e. 重复 a～d 的操作，从加液嘴依次加入各点标准液，测定吸光度，绘制标准曲线。

② 水样的测定　吸取 2mL 消解的水样（NH₃-N 含量≤9.5μg），参照标准曲线的绘制，重复 a～d 的操作，依次测定各水样的吸光度，自动计算分析结果。测定水样前测定空白样进行空白校正。

5.4.3.2　自动化仪器测定法

（1）用水与试剂

① 用水与试剂同 5.4.3.1 节经典仪器测定法。

② 载流液：向 500mL 烧杯中加入 200mL 5mol/L HCl 及 40mL 无水乙醇，搅拌均匀待用。

③ 绘制 NO_2^--N 标准曲线的标准溶液，与 5.4.3.1 节经典仪器测定方法等同。

（2）仪器及装置

① 全自动气相分子吸收光谱仪。

② 光源：氘灯。

③ 空气发生器：AGA-2L。

（3）参考工作条件

① 灯电流 5mA。

② 工作波长：213.9nm。

③ 测量方式：连续进样。

④ 载气流量：0.1L/min。

⑤ 进样速度：10mL/min。

⑥ 恒温加热器：80℃。

（4）操作步骤

① 标准曲线的绘制　按照图 5-23，由进水样泵的进样管依次吸取 0.00μg/mL、1.00μg/mL、2.00μg/mL、3.00μg/mL、4.00μg/mL、5.00μg/mL NO_2^--N 标准使用液；与来自进氧化剂泵的 NaBrO 氧化剂汇合氧化，再与 HCl 载流液汇合，测定吸光度，绘制标准曲线。

② 水样的测定

a. 与标准曲线的绘制操作相同，测定各水样的吸光度，由标准曲线计算结果。

b. 测定水样前测定空白样，进行空白校正。

5.4.4 测定方法的条件试验

各项条件试验及试验内容与结果参照 5.3.5 节内容。

5.4.5 方法的技术指标

5.4.5.1 精密度

测定（1.00±0.05）mg/L 的凯氏氮统一标准样品（n=6），测得结果为 0.99～
1.03mg/L，平均值 1.00mg/L，6 次结果的极差小于统一标准样品规定的 0.05mg/L。

5.4.5.2 准确度

测定（1.00±0.05）mg/L 的凯氏氮统一标准样品（n=6），测得平均值 1.01mg/L，
相对标准偏差 1.0%；对地表水样加入 10μg 凯氏氮统一标样，测得回收率 98%～
101%。

5.5 TN 的测定

TN 是在特定条件下能够被测定出的无机氮和各种有机氮的总和。大量的
生活污水以及农田排水和含氮的工业废水排入水体，使水体中生物和微生物大
量繁殖，消耗了水中的溶解氧，使水体质量恶化，致使湖泊、水库中含有超标
的氮、磷类物质，造成浮游植物繁殖旺盛，出现富营养化状态，故此，TN 便
成了衡量水质的重要指标。

测定 TN 通常的方法是把有机氮和无机氮用 $K_2S_2O_8$ 氧化，将它们转化成硝
酸盐后，以紫外分光光度法测定。

5.5.1 方法原理

在 60℃以上的水浴中，使 $K_2S_2O_8$ 按以下反应式分解，生成氢离子和氧。

$$K_2S_2O_8 + H_2O =\!=\!= 2KHSO_4 + 1/2O_2$$

$$HSO_4^- =\!=\!= H^+ + SO_4^{2-}$$

在 120～124℃的碱性条件下，加入 NaOH 中和氢离子以使 $K_2S_2O_8$ 分解完
全，不仅可以将水样中的铵盐和亚硝酸盐氧化为硝酸盐，同时可将大部分有机

含氮化合物氧化成硝酸盐。之后用紫外分光光度法分别在 220nm 与 275nm 波长处测定吸光度，按 $A = A_{220} - 2A_{275}$ 计算 NO_3^--N 的含量，换算成 TN 含量。

采用气相分子吸收光谱法测定 TN 的优势是：水样经消解后的颜色及浑浊物不干扰测定。消解水样后剩余的过硫酸钾不会影响测定结果。单一波长测定硝酸盐分解出的 NO 吸光度与紫外分光光度法的双波长测定相比，测定方法简便、分析结果更加准确。采用自动化仪器分析水样时，用紫外线照射水样，在常压和较高温度下自动消解水样，不用高压灭菌器，操作安全。

5.5.2 适用范围

本法最低检出含量为 0.05mg/L，测定的线性范围为 0~10mg/L，主要适用于湖泊、水库、江河水和某些污染水中 TN 的测定。

5.5.3 测定方法

5.5.3.1 水样的消解

（1）经典消解法

取 10mL 无氨水为空白样与相同量的水样（含氮量 2.5~125μg）一起，分别放入 25mL 带盖的耐压聚四氟乙烯试管中，分别加入 5mL 碱性 $K_2S_2O_8$ 溶液，旋紧瓶盖，放入高压蒸汽灭菌器中的管架上，盖好灭菌器的盖子。通电加热至灭菌器压力达到规定值时，开始计时。50min 后，缓慢放气，使压力指针回零。冷却后移去外盖，趁热（不烫手时）取出试管上下混合，冷却至室温，分别加入 1mL 1：9 HCl，用无氨水稀释至 25mL。

（2）自动消解法

水样于消解器中加入 $K_2S_2O_8$，在一定的高温下，通过紫外线的照射将水样中 TN 消解氧化成硝酸盐。

5.5.3.2 经典仪器测定法

（1）用水与试剂

① 使用无 NO_3^- 和无氨的去离子水或蒸馏水；

② $K_2S_2O_8$ 消解液

a. 称取 15g NaOH 溶解于 800mL 无氨水中，再称取 40g $K_2S_2O_8$ 放入完全溶解的 NaOH 溶液中，于 60℃ 水浴中加热搅拌，溶解完全后，用无氨水稀释至 1000mL。密闭存放于聚乙烯瓶中，可使用 2~3 天。

b.分别配制 K₂S₂O₈ 溶液及 NaOH 溶液,两者按比例混合。

③ 盐酸:$c(HCl) = 5mol/L$。

④ TiCl₃ 溶液:含质量分数 15%～20% TiCl₃ 的 HCl 溶液。

⑤ NO₃⁻-N 标准使用液:吸取市售的 1000mg/L NO₃⁻-N 标准液,逐级稀释成 10μg/mL 的标准溶液。

⑥ 绘制标准曲线的标准液:用可调微量移液器吸取 NO₃⁻-N 标准使用液,配制成 0.00μg/mL、1.00μg/mL、2.00μg/mL、3.00μg/mL、4.00μg/mL、5.00μg/mL 的 6 点标准液。

(2)仪器及装置

① 气相分子吸收光谱仪。

② 镉(Cd)空心阴极灯。

③ 气液分离吸收装置:参见图 5-13。

④ 高压蒸汽灭菌器:压力 1.1～1.3kgf/cm²,相应温度 120～124℃。

⑤ 多孔恒温水浴:水温 100℃可调。

⑥ 气液分离反应瓶:同图 5-1。

⑦ 带盖聚乙烯瓶:50mL。

⑧ 可调微量移液器:50～250μL。

(3)参考工作条件

① 灯电流 5mA,波长 214.4nm。

② 载气流量:0.6L/min。

③ 测量方式:峰高。

④ 测量时间:10s。

(4)操作步骤

① 标准曲线的绘制

a.向 6 个反应瓶的底部分别加入 2mL 绘制标准曲线的各点 NO₃⁻-N 标准液及 3mL HCl,水平旋摇反应瓶溶液后,放入水浴中加热 10min。

b.从零标准液开始,依次从水浴中取出反应瓶,立即盖上反应瓶盖,用定量加液器加入 0.5mL TiCl₃ 溶液,及时通入 0.5L/min 载气测定吸光度,绘制标准曲线。

② 水样的测定

a.吸取消解的水样 2mL(NO₃⁻-N 浓度≤20mg/L)于反应瓶的底部,再加入 3mL HCl,水平旋摇反应瓶后放入水浴中加热 10min。

b.依次从水浴中取出反应瓶,立即盖上反应瓶盖,用定量加液器加入 0.5mL

TiCl$_3$，通入 0.5L/min 载气测定吸光度，测定水样前测定空白水的吸光度，进行空白校正。

5.5.3.3　自动化仪器测定法（定量进样方式）

（1）用水与试剂

① 用水与试剂同 5.5.3.1 节经典仪器测定法。

② 载流液：于 800mL 烧杯中加入 250mL 水、200mL 浓盐酸、100mL TiCl$_3$ 溶液及 60mL 无水乙醇，充分搅拌混匀，冷却至室温待用。加入无水乙醇的目的是降低反应液表面张力，使 NO 更容易转入气相进入吸光管，可提高方法的测定灵敏度。

③ 绘制标准曲线的 NO$_3^-$-N 标准液：用 10μg/mL 的标准溶液配制成 0.00μg/mL、1.00μg/mL、2.00μg/mL、3.00μg/mL、4.00μg/mL、5.00μg/mL 的 6 点标准液。

（2）仪器及装置

① 气相分子吸收光谱仪。

② 气液分离吸收装置：同图 5-15。

③ 镉（Cd）空心阴极灯。

④ TN 在线消解器：AJ-200，测定参数按消解器设定。

（3）参考工作条件

① 将图 5-15 中两个蠕动泵的转速均设为 80 r/min，各部件工作时序参照图 5-6。

② 加热器温度：80℃。

③ 载气流量：0.5L/min。

④ 清洗液路时间：15s。

⑤ 吹气至仪器读数回零时间：25s。

⑥ 排液时间：0s。

⑦ 进样时间：20s。

⑧ 测量时间：10s。

（4）操作步骤

① 标准曲线的绘制　参照图 5-5 的气液分离吸收装置，将泵管插入装有载流液的试剂瓶中。泵管由自动进样臂的吸液管按顺序从进样盘上刻度试管中吸取绘制标准曲线的 NO$_3^-$-N 标准液测定吸光度，自动绘制标准曲线。

② 水样的测定　泵管由自动进样臂的吸液管按顺序从进样盘上刻度试管中

吸取由 TN 在线消解器消解成 NO_3^--N 的消解液，测定吸光度，自动计算分析结果。

蠕动泵按图 5-15 的测量流程，从左至右的顺序工作，70s 即可得到分析结果。测量过程是水样通过蠕动泵管 1，载流液通过蠕动泵管 2，经分别加热后汇合，与引入的载气一同进入气液分离螺旋管，NO_3^- 在管路中受载气的作用分解产生 NO，管内液体和 NO 继续进入气液分离瓶时，分离瓶中的液体自动排出，NO 则从气液分离瓶的上部通过冷阱除去水分，进入吸光管产生了 NO 的吸光度。与经典仪器一样，得到的吸收峰形如图 5-4 所示。

5.5.4 测定方法的技术指标

5.5.4.1 精密度

测定 TN（3.05±0.15）mg/L 的统一标准样品（n=6），测得结果为 2.95～3.04mg/L，重复测定相对标准偏差 1.14%。

5.5.4.2 准确度

测定 TN（3.05±0.15）mg/L 的统一标准样品，测得平均值 3.01mg/L，相对标准偏差 1.3%；对地表水样加入 5.00μg TN 标样，测得回收率 93%～101%。

5.6 硫化物的测定

水中硫化物包括溶解性的 H_2S、HS^-、S^{2-} 和存在于悬浮物中的可溶性硫化物，酸可溶性金属硫化物以及未电离的有机、无机类硫化物。

天然水中常不含有硫化物。地下水，尤其是温泉水如硫磺泉含有硫化物。大量的生活污水排入水体或下水道，由于含有机硫，在微生物的作用下分解出硫化物，其中一部分是在厌氧条件下使硫酸盐还原或由含硫有机物的分解而产生的硫化物。某些工矿企业，如焦化、制气、造纸、印染、选矿和制革等工业废水中也含有硫化物。

硫化物的测定方法很多，除各种滴定法外，还有分光光度法、离子色谱法、间接原子吸收法、离子交换高压液相色谱法、冷原子荧光法以及电化学法等。

尽管方法很多，但目前常用的方法仍为化学分析法，即酸化吹气吸收后的碘量法和亚甲蓝分光光度法。对于酸化吹气的分离手段来说，因所用的吹气吸收装置的规格、形状、气液相比例、吹气速率等诸多因素都对硫化物的挥发和吸收效率产生影响，加标回收率往往很低，有的仅为 40%～60%，测定结果的相对标准偏差高达 16%。ISO 推荐的全玻璃磨口吹气吸收装置虽可获得较高回收率，但是与其它规格的装置一样，在实际使用中，难以掌握操作，并非都能得到较高的稳定回收率。

《水质 硫化物的测定 亚甲基蓝分光光度法》（HJ 1226—2021）提供了酸化、吹气、吸收装置（图 5-26）。从结构及规格来看，反应瓶体积 250mL，较之《水和废水监测分析方法》（第四版）采用的 500mL 烧瓶体积小了一半，气液分离效果有一定程度的提高，但是球形瓶的气化分离效果总是比较差。

笔者认为，用于亚甲蓝分光光度法测定硫化物的气液分离吸收装置，不论是原始的还是近年来发布的各种规格的气液分离瓶，都脱离不了较大容量的球形烧瓶。

这种形状的烧瓶容器只能使水样产生的 H_2S 从局部液面挥发，挥发出来的 H_2S 在烧瓶的气相空间中长时间回旋，从烧瓶顶口挥发出来的速度很慢，并经过较长的冷凝器到达吸收显色管，尽管吹气时间长达 50min 也不能完全挥发吸收。这种装置不但安装、拆卸、清洗等操作费时费力，还得不到好的分析结果，所设计的吹气吸收装置占有较大的操作台面，不适于批量分析。

气相分子吸收光谱法测定硫化物已有报道。Syty 测定了水中硫化物，设计了如图 5-27 所示的比较简陋的装置，从进样嘴加入水样后，用滴定管向反应瓶

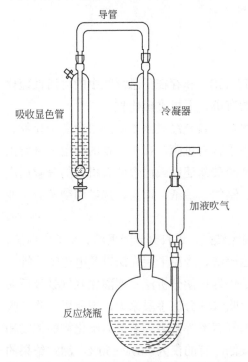

图 5-26　亚甲基蓝光度法酸化吹气吸收装置

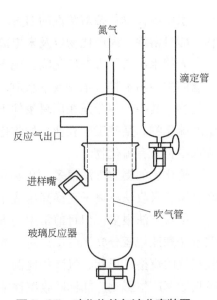

图 5-27　硫化物的气液分离装置

中加入 H_2SO_4 分解水样中硫化物,直接测定产生的 H_2S 吸光度。装置最大问题是用玻璃管吹气,吹气管口没有落到反应器底部,吹气时不能使水样与 H_2SO_4 充分搅拌混合,产生的 H_2S 难以快速挥发进入吸收装置,气化效率比较低。另外,所建立的方法也未考虑干扰的消除。

王联社、郑迪梅用气相分子吸收光谱法测定了水中硫化物,设计了带砂芯片的可滤除干扰的反应器,见图 5-28。这种反应器中的砂芯片也只能阻挡水样中悬浮物,对提高气化效率没有作用,反而使连续进行多个水样测定时,造成砂芯片的透气性逐渐变差,致使气化效率逐渐降低,分析结果的可靠性难以保证。

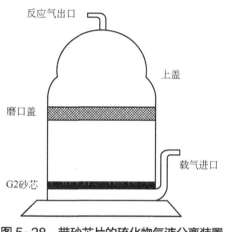

图 5-28　带砂芯片的硫化物气液分离装置

本节阐述笔者所设计的测定装置以及对硫化物测定方法的改进,建立了一般水样和基体复杂水样的气相分子吸收光谱法。

一般的水样在 10% 的 H_3PO_4 介质中瞬间挥发出 H_2S,在锌(Zn)灯的 202.6nm 波长直接测定 H_2S 吸光度。参考文献中,对于基体复杂的水样,以碱性 $ZnCO_3$ 为絮凝剂,将预先保存在水样中的 ZnS 絮凝成疏松的絮状体,便于用孔径 3μm 的混合纤维素酯滤膜减压过滤,能够快速过滤和洗涤。为防止 ZnS 的溶解损失,用含有 $Zn(Ac)_2$ 及 NaAc 的水溶液洗涤沉淀,彻底去除干扰后,再将滤膜放回反应瓶,加入 H_3PO_4 溶解滤膜上的 ZnS,释放出 H_2S 测定吸光度,用这种去除干扰的双重手段所建立的方法能够测定所有的水样。

H_2S 在 180~220nm 波长范围所产生的吸光度与硫化物浓度的关系遵守比尔定律。根据水样中硫化物的含量不同,含量低的水样用锌(Zn)灯的 202.6nm 波长测定,高含量水样可以使用大于 200nm 波长,所得吸光度与浓度均成线性关系。

笔者在 1991 年研究气相分子吸收光谱法测定硫化物时,为了验证对比测定结果的可靠性,采用图 5-26 的球形反应瓶进行气液分离吸收,亚甲基蓝比色测定,但很难得到可靠的分析结果。基于此,自行设计出了管式高效气化分离吸收装置(图 5-29),使用头部带砂芯片的吹气管,能充分搅拌混合酸化样品,大大提高了气化分离效率。吹气流量 0.3L/min 时,3min 就能够将水样产生的

H$_2$S 挥发出反应瓶，进入吸收管被 Zn(Ac)$_2$ 和 NaAc 吸收液完全吸收。

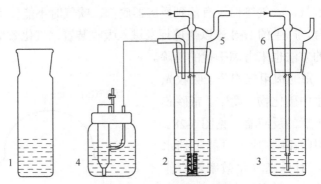

图 5-29 管式高效硫化物气化分离吸收装置
1—清洗瓶；2—反应瓶；3—吸收显色瓶；4—定量加液器；5,6—瓶盖

所设计的三个反应瓶容积约 50mL，反应瓶内径 ϕ22mm，高 125mm。将瓶盖 5 与 6 之间用 ϕ6mm×2mm 聚乙烯软管连接，定量加液器与反应瓶盖 5 进液管用 ϕ2mm×4mm 的硅橡胶管连接，反应瓶盖 5 的进气管接通隔膜泵的流量计管，以空气为载气，调节流量 0.3L/min。定量加液器中装入足量 10% 的 H$_3$PO$_4$。使用图 5-29 装置比色测定硫化物的具体操作如下：

① 向吸收显色瓶加入 20mL Zn(Ac)$_2$+NaAc 吸收液。

② 取出反应瓶的磨口盖 5，放入清洗瓶中。

③ 清洗干净反应瓶后，向瓶中加入 3mL 水样，盖上磨口盖 5，用聚乙烯软管将磨口盖 5 与磨口盖 6 的输气管连接起来。

④ 用定量加液器向反应瓶中加入 2mL 10% 的 H$_3$PO$_4$。

⑤ 向反应瓶中通入 0.3L/min 的空气 3min，停止通气，将瓶盖 5 与 6 的连接管断开。

⑥ 向吸收瓶中加入对氨基二甲基苯胺溶液，盖上瓶盖 6，将其右上角的出气管套上橡胶帽，混匀吸收瓶中溶液进行发色。

⑦ 将发色溶液倒入比色皿，于 665nm 波长处测定吸光度。

表 5-21 的亚甲蓝分光光度法分析结果就是用图 5-29 的装置"吹气吸收-比色测定"的，与气相分子吸收光谱法分析结果的相对误差非常小。

用笔者改进的气液分离吸收装置测定硫化物，能够快速得到准确分析结果的关键是：

① 采用了容积较小的直管式反应瓶，吹气时，反应瓶内无死角，H$_2$S 容易被快速挥发出液面进入吸收瓶，被吸收液完全吸收。

表 5-21　气相分子吸收光谱法与亚甲蓝分光光度法分析结果对比

序号	水样名称	气相分子吸收光谱法/(mg/L)	亚甲蓝分光光度法/(mg/L)	相对误差/%
1	GBW08630[①]	9.62	9.65	0.15
2	化工一期沉淀池	0.07	0.08	6.67
3	1 号泵站排水	0.29	0.28	1.70
4	调整槽未处理	1.10	1.08	1.00
5	化工排放水	0.60	0.60	0.00
6	冷轧排放水	0.61	0.61	0.00
7	化工排放水	1.55	1.52	0.98
8	1 号泵站排水	1.59	1.55	1.30
9	化工排放水	7.33	7.32	0.06
10	化工排放水	7.33	7.32	0.06
11	化工排放水	10.1	10.0	0.50

① GBW08630 标样值 9.63mg/L。

② 水样通过长 10mm 的 ϕ6mm 的 G2 砂芯分散搅拌，使硫化物快速分解，载气被砂芯分散，使 H_2S 不只是从局部，而是从反应瓶液体的整个液面挥发，就像打气筒的活塞，将产生的 H_2S 快速地推出反应瓶，3min 就可以完全挥发至吸收瓶，被吸收液完全吸收。

③ 吸收瓶中的吸收液量≥20mL，液量足够，H_2S 被 $Zn(Ac)_2$ +NaAc 完全吸收而不会逃逸。

④ 由于产生的 H_2S 在 3min 内即能快速地被吸收液吸收，且试验证明，在 3min 的短时间内 H_2S 不会被氧化，所以不用加入抗坏血酸抗氧化，可以使用隔膜泵提供空气，吹扫 H_2S。

5.6.1　方法原理

在 H_3PO_4 介质中将硫化物瞬间分解成 H_2S，用空气将 H_2S 载入气相分子吸收光谱仪的吸光管，在 202.6nm 等波长处测得的吸光度与硫化物的浓度符合比尔定律。

5.6.2　适用范围

方法适用于地表水、地下水、海水、生活污水以及工业排放水中硫化物的测定。使用锌（Zn）灯 202.6nm 波长，方法的检出限 0.005mg/L，测定下限 0.025mg/L、上限 10mg/L；在镁（Mg）空心阴极灯 285.2nm 波长处，测定上限可达百余毫克/升。

5.6.3 水样的采集与保存

水样采集在棕色玻璃瓶中，在现场及时固定，采样中防止曝气。采样前，先向采样瓶中加入 2mol/L Zn(Ac)$_2$+NaAc 固定液（每升水加入 2mL），注入水样后用 NaOH 调至弱碱性。硫化物含量高时，酌情多加些固定剂，直至完全生成 ZnS 沉淀。补加水样至充满采样瓶，立即密塞。运输途中避免阳光直射，采集的水样在 4℃冰箱冷藏室保存，在 24h 内测定。

5.6.4 干扰及其消除

测定硫化物时主要干扰成分有 SO_3^{2-}、$S_2O_3^{2-}$、I^- 及 CNS^- 以及产生吸收的挥发性有机物。

5.6.4.1 SO_3^{2-}、$S_2O_3^{2-}$ 的干扰及消除

水样中 SO_3^{2-}、$S_2O_3^{2-}$ 可被酸分解生成 SO_2 产生吸收。当硫化物生成 ZnS 沉淀时，加入 H_2O_2 将 SO_3^{2-}、$S_2O_3^{2-}$ 氧化成稳定的 SO_4^{2-}，不产生 SO_2 的吸收。当 SO_3^{2-} 及 $S_2O_3^{2-}$ 分别不大于硫化物含量的 50 倍和 10 倍时，加入 2 滴 H_2O_2 可氧化成 SO_4^{2-} 消除其干扰。H_2O_2 不会氧化 ZnS 沉淀，不会降低硫化物的分析结果。

图 5-30 显示了以 H_2O_2 氧化消除 SO_3^{2-} 及 $S_2O_3^{2-}$ 干扰的试验效果。

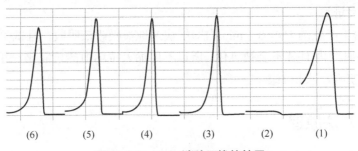

图 5-30 H_2O_2 消除干扰的效果

① 10mL 10% H_3PO_4 介质中，100μg SO_3^{2-} 的吸收峰。

② 10mL 10% H_3PO_4 介质中加入 500μg SO_3^{2-}，加入 2 滴 H_2O_2，SO_3^{2-} 的吸收峰几乎消失；尚有微小的吸收，应该是仪器的噪声和空白吸收。

③ 10mL 10% H_3PO_4 介质中含 10μg S^{2-} 的 ZnS 沉淀，测得的吸收峰高。

④ 10mL 10% H_3PO_4 介质中含 10μg S^{2-}，加入 500μg SO_3^{2-} 生成 ZnS 沉淀后，加入 2 滴 H_2O_2 测得的 10μg S^{2-} 吸收峰。

⑤ 10mL 10% H_3PO_4 介质中含 10μg S^{2-} 的 ZnS 沉淀,加入 500μg SO_3^{2-} 及 100μg $S_2O_3^{2-}$,加入 2 滴 H_2O_2 得到的 10μg S^{2-} 吸收峰,说明 500μg SO_3^{2-} 及 100μg $S_2O_3^{2-}$ 的干扰已被消除。

⑥ 10mL 10% H_3PO_4 介质中,含 10μg S^{2-} 的 ZnS 沉淀,加入 100μg NO_2^- 及 1000μg SO_3^{2-},加入 2 滴 H_2O_2 得到的 10μg S^{2-} 吸收峰有所降低。

笔者的试验结果证明,只要 S^{2-} 生成了 ZnS 沉淀,加入 H_2O_2 消除 SO_3^{2-}、$S_2O_3^{2-}$ 干扰时,H_2O_2 不会氧化 ZnS 沉淀而使测定硫化物的结果偏低。至于高含量的 NO_2^- 与大量的 SO_3^{2-} 共存时,H_2S 的吸光度有一定的降低,原因尚不明确。

5.6.4.2 I⁻、Br⁻ 及 CNS⁻ 的干扰及消除

水样含有较高量 I⁻ 及 Br⁻,可挥发出 I_2 和 Br_2,虽然它们的最大吸收在 500nm 左右,但如果含量高,在 200nm 的吸收也会影响硫化物的测定,产生正干扰;CNS⁻ 产生负干扰,原因尚不明确。遇到含 NO_2^- 及 CNS⁻ 的水样,须用 $ZnCO_3$ 絮凝 ZnS 沉淀,用滤膜过滤收集 ZnS 沉淀进行测定。

5.6.4.3 挥发性有机物的干扰及消除

① 含硫化物的水样(如石油、天然气等水样)往往也含有产生吸收的挥发性有机物,在测定硫化物的 202.6nm 波长,有机物会产生较灵敏的吸收,使测定结果偏高。遇到这种水样,用经典仪器测定时,可以在向水样加酸之前密闭反应瓶,向反应瓶吹入 0.6L/min 载气,挥发性有机物从出峰到消失仅约 10s,待仪器回零,再加酸测定。

② 也可向水样加入 2 滴 30% 的 H_2O_2,将有机物如三氯甲烷、丙酮等瞬间氧化破坏,不能产生吸收而消除干扰。

③ 在气路中串接活性炭管,也可将挥发性有机物吸附在活性炭上。可惜,H_2S 也会被吸附而损失,因此,必须选择不会吸收 H_2S 的活性炭。

④ 乙醇在 200nm 左右的波长产生吸收,吸收灵敏度并不高且不稳定,影响硫化物测定结果的稳定。自动化仪器只有一套反应系统,在测定硫化物之前,必须对液路和气路进行彻底洗涤,待完全清除了由于测定 NO_2^--N 和 NH_3-N 等残留在管路中的乙醇,方可测定硫化物。

5.6.5 测定方法

5.6.5.1 经典仪器测定法

(1)用水与试剂

① 一般纯水鲜有硫化物空白,使用电导率≤0.7μS/cm 的去离子水即可。

所用的 HCl 或 H_3PO_4 介质不可能含有硫化物。

② 碱性除氧去离子水：取适量水于烧杯中，用 1mol/L NaOH 溶液调至 pH=11，加盖表面皿煮沸约 20min，冷却后，密塞保存于聚乙烯瓶中。

③ 磷酸（H_3PO_4）：10%水溶液。

④ 过氧化氢（H_2O_2）：30%原液。

⑤ 乙酸锌溶液 $c[Zn(Ac)_2]=1mol/L$：称取 220g $Zn(Ac)_2 \cdot 2H_2O$，溶解于水，稀释至 1000mL，摇匀。

⑥ 乙酸锌+乙酸钠固定液：称取 5g $Zn(Ac)_2 \cdot H_2O$ 及 1.25g $NaAc \cdot 3H_2O$，溶解于 100mL 水中，摇匀。

⑦ 乙酸锌混合洗液：该洗液中含有 1% $Zn(Ac)_2 \cdot 2H_2O$ 及 0.3% $NaAc \cdot H_2O$ 的水溶液。

⑧ 碳酸锌（$ZnCO_3$）絮凝剂：配制 3%的（$ZnCO_3$）$_2 \cdot 6H_2O$ 和 1.5%的 Na_2CO_3 水溶液，二者分别保存，用时以等体积混合。

⑨ 硫化物标准使用液（5.00μg/mL）：准确吸取一定量市售的硫化物标准液，边摇边滴加至含有 5mL 乙酸锌+乙酸钠固定液和约 800mL 碱性除氧去离子水的 1000mL 棕色容量瓶中，用碱性除氧去离子水稀释至刻度，摇匀后立即分取一部分溶液加入 100mL 干燥的棕色容量瓶中作为日常分析使用。剩余大部分以常温保存，使用时间 6 个月。

购买的硫化物标准液，因其不是稳定的 ZnS，开瓶后应立即吸取溶液，及时添加固定剂配制成使用液加以保存。

（2）仪器及装置

① AA-8500 双通道原子吸收分光光度计。

② 气液分离吸收装置：见图 5-1。在图中净化器与收集器中装入活性炭，净化载气（空气）及收集废气；干燥管中装入约 15 目颗粒状无水高氯酸镁，以便去除 H_2S 中的水分。

将各部件用 $\phi4mm \times 6mm$ 的聚乙烯软管相连接。将吸光管与光路平行地安装在 AA-8500 原子吸收分光光度计的燃烧器座上。

③ 锌（Zn）空心阴极灯。

④ 具塞比色管，25mL。

⑤ 混合纤维素滤膜，$\phi35mm$，孔径 3μm。

⑥ 聚碳酸酯减压抽滤器，$\phi35mm$。

⑦ 布氏水流减压抽滤瓶。

⑧ 医用不锈钢长柄镊子。

⑨ 可调定量加液器：300mL 玻璃瓶，0~5mL 可调。

（3）参考工作条件

① 灯电流 5mA，波长 202.6nm。

② 载气流量：0.6L/min。

③ 测量方式：峰高。

（4）水样的测定

① 一般水样的测定

a. 标准曲线的绘制　按顺序依次吸取 0.00μg/mL、1.00μg/mL、2.00μg/mL、3.00μg/mL、4.00μg/mL、5.00μg/mL 硫化物标准使用液各 2.5mL 于图 5-31 的反应瓶中，加入 2 滴 H_2O_2，将反应瓶盖与水样反应瓶密闭，用可调定量加液器加入 2.5mL H_3PO_4，启动空气泵通入载气，依次测定各标准液吸光度，绘制标准曲线。

b. 水样的测定　充分混匀现场固定好的水样，立即吸取 2.5mL（含硫量≤20μg）于反应瓶中，以下操作同标准曲线的绘制。

② 基体复杂水样的测定

打开水龙头，开启减压过滤器，用水清洗滤膜后，取适量水样（含硫量≤20μg）于 25mL 比色管中加入 5mL $ZnCO_3$ 絮凝剂，加水稀释至刻度，摇匀后立即吸取 10mL 于布氏水流减压抽滤瓶的滤膜中央，用乙酸锌混合洗液洗涤沉淀 5~8 次。

用医用不锈钢长柄镊子取出滤膜，将其竖着放入水样反应瓶下部，无沉淀的一面贴住瓶壁，

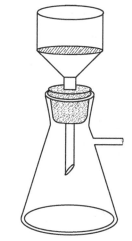

图 5-31　布氏水流减压过滤器

加入 2 滴 H_2O_2，密闭反应瓶盖，用可调定量加液器加入 5mL H_3PO_4，竖着摇动反应瓶 1~2min 至 ZnS 沉淀完全溶解。通入载气，测定吸光度。

5.6.5.2　自动化仪器测定法

（1）用水与试剂同 5.6.5.1 节。

① 载流液：H_3PO_4，10%。

② 绘制标准曲线的各点标准液：用 5.00μg/mL 硫化物标准液配制成浓度为 0.00μg/mL、1.00μg/mL、2.00μg/mL、3.00μg/mL、4.00μg/mL、5.00μg/mL 的标准液。

（2）仪器及装置

① 气相分子吸收光谱仪。

② 气液分离吸收装置与图 5-5 相同。

③ 光源：锌（Zn）空心阴极灯。

（3）参考工作条件

① 灯电流 5mA，波长 202.6nm。

② 蠕动泵转速：70r/min。

③ 载气流量：0.5L/min。

④ 进样清洗时间：15s。

⑤ 吹气回零时间：25s。

⑥ 进样时间：15s。

⑦ 排液时间：0s。

⑧ 测量方式：峰高。

⑨ 测量时间：10s。

（4）测定方法

① 照图 5-5 的气液分离吸收装置，将泵管 1 插入装有 5% H_3PO_4 溶液的试剂瓶中。

② 泵管 2 由进样吸管按顺序从进样盘上的刻度试管中吸取标准液及水样测定吸光度。

③ 蠕动泵按图 5-5 的流程，从左至右顺序工作，约 70s 即可得到分析结果。测量过程是水样通过蠕动泵管 1、载流液通过蠕动泵管 2 吸入，二者汇合后，与引入的载气，一同进入气液分离螺旋盘管，硫化物在管中由于载气的作用分解产生了 H_2S，管内液体和 H_2S 继续进入气液分离瓶，分离瓶中的液体自动排出，H_2S 则从气液分离瓶的上部通过冷阱除去水分，进入吸光管产生吸光度，与经典仪器一样，得到的吸收峰如图 5-4 所示。

④ 标准曲线的绘制：将一泵管插入载流液的试剂瓶中；一键启动进样器，进样吸管依次吸取 0.00μg/mL、1.00μg/mL、2.00μg/mL、3.00μg/mL、4.00μg/mL、5.00μg/mL 的标准液，测定各自吸光度后，绘制标准曲线。

⑤ 一般水样的测定：绘制出标准曲线后，用进样吸管依次吸取水样，测定吸光度，自动计算结果。

⑥ 基体复杂水样的测定：基体复杂的水样，必须经过 $ZnCO_3$ 絮凝沉淀过滤、洗涤 ZnS 沉淀后，连同滤膜，只能放在经典仪器的反应瓶中，密闭反应瓶盖、加酸通气测定。这一操作在自动进样器上无法进行，所以，目前还不能用

全自动化仪器测定含有 NO_2^- 及 CNS^- 基体的复杂水样。

5.6.6 方法的测定条件试验

5.6.6.1 空心阴极灯及工作波长的选择

根据 H_2S 的吸收光谱（图 5-32），最大吸收波长为 200nm 左右，选用能量较强的 Zn 空心阴极灯 202.6nm 波长，能够得到最高的吸收灵敏度，适用于低含量水样的测定，若测定硫化物含量高的水样，可选用 Zn 灯的 213.9nm 波长或其它波长（如 Cd 灯的 228.8nm 等波长），测定硫化物的含量可高达百余毫克/升。

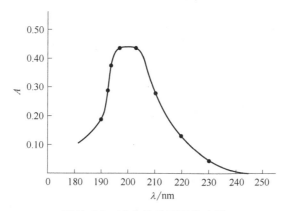

图 5-32　H_2S 的分子吸收光谱

5.6.6.2 反应介质浓度的影响

S^{2-}、HS^-、H_2S 及可溶性金属硫化物，在酸性介质中均易分解生成 H_2S。为与现行国标方法保持一致，本法采用 H_3PO_4 介质。在 5mL 反应介质中，试验了加入 10% H_3PO_4 的体积对吸光度的影响。

表 5-22 数据证实，5mL 反应介质中，10%H_3PO_4 体积在 2～3.5mL 时测得的吸光度是很稳定的。5mL 测定体积中，确定取 3.0mL 水样加入 2.0mL 10%H_3PO_4 测定，不但结果好，又可节约试剂。

5.6.6.3 反应液体积的影响

在给定的载气流量 0.6L/min 条件下，试验了 10μg/mL S^{2-} 在反应液体积从 5～12mL 变化时，吸光度从 0.2975 逐渐降至 0.2354。体积相差 0.5mL，吸光度变化最高可达 0.005，因此测定水样硫化物时，要注意测量体积须精准一致。

表 5-22　H₃PO₄介质浓度对 H₂S 吸光度的影响

编号	10% H₃PO₄/mL	H₂O/mL	吸光度
1	5.0	0	0.0265
2	4.5	0.5	0.0264
3	4.0	1.0	0.0266
4	3.5	1.5	0.0268
5	3.0	2.0	0.0269
6	2.5	2.5	0.0268
7	2.0	3.0	0.0268

5.6.6.4　载气及其流量的影响

所用的载气是由空气泵提供的。一般认为 H_2S 会受到空气的氧化，吸光度降低。但在采样时已经将硫化物固定成 ZnS，测定过程中不可能被空气氧化。试验证明，用氮气和空气为载气，测得的吸光度并无差异。为了操作方便，降低分析成本，采用了空气隔膜泵提供载气（空气）。

试验还证实，当反应液体积为 5mL 时，载气流量在 0.3～0.6L/min 范围，所得吸光度高且稳定；当反应液体积为 10mL 时，载气流量在 0.6～0.8L/min 范围变化，所得吸光度也很稳定。

5.6.6.5　ZnCO₃絮凝剂用量的影响

采用沉淀法分离干扰时，必须保证过滤和洗涤时 ZnS 沉淀无损失。ZnS 为胶体，其部分沉淀颗粒非常细小，易穿透滤纸而损失。为避免损失和加快过滤速度以及便于洗涤，加入了 $ZnCO_3$ 絮凝剂，使 ZnS 成为大片的絮状沉淀。于50mL 比色管中加入 10mL 絮凝剂至少可絮凝 100μg S^{2-} 的 ZnS 沉淀，过滤洗涤只需约 3min。

5.6.6.6　洗涤剂与洗涤次数的影响

ZnS 沉淀用中性或偏碱性的水洗涤时，ZnS 都很容易被溶解损失。本法采用 $Zn(Ac)_2$＋NaAc 的水溶液洗涤 ZnS 沉淀，洗涤 5～8 次可将 CNS^- 完全洗除。洗涤次数最多达 20 次，ZnS 也不会溶解损失，而且洗液无空白，洗涤次数多与少都不会产生影响。

5.6.6.7　滤膜上的 ZnS 沉淀溶解时间的影响

自由状态的 ZnS 沉淀，瞬间即可被磷酸溶解。但是，经过 $ZnCO_3$ 絮凝的沉淀，过滤、洗涤后，ZnS 沉淀已经凝固，不可能瞬间溶解。根据室内温度而有不同的溶解时间，当高于 25℃时，加入 H_3PO_4 后，不时地旋摇反应瓶，约 30s

可完全溶解；低于 25℃时，需摇动 1min 或更长时间。经过摇动酸溶，ZnS 沉淀可以从光滑的滤膜上脱落，完全溶解后，通入载气即可产生 H_2S 的吸光度。

5.6.7 方法的技术指标

5.6.7.1 检出限、精密度与准确度

（1）检出限

本方法检出限是通过 6 个实验室测定空白样（n=6）的标准偏差，以 3 倍标准偏差除以标准曲线斜率及测定体积。得出各实验室测得的检出限后，将 6 个实验室得到的检出限进行统计计算，取实验室间最大值作为方法的检出限。根据 6 个实验室验证的数据，最后得出方法的检出限为 0.0025mg/L（见表 5-23）。这一检出限低于现行方法的检出限，在日常的分析测定中是不容易达到的，考虑到普遍的监测水平，将检出限确定为 0.005mg/L。

表 5-23　检出限测量数据

实验室编号	检出限/(mg/L)	6 次空白测定标准偏差	标准曲线斜率	标准曲线相关系数	测定体积/mL
1	0.0025	0.000075	0.0090	0.9997	10
2	0.0016	0.000052	0.0095	1.0000	10
3	0.0024	0.000063	0.0079	0.9999	10
4	0.0020	0.000052	0.0078	0.9999	10
5	0.0020	0.000060	0.0079	0.9998	10
6	0.0023	0.000075	0.0098	0.9997	10
平均值	0.0021	0.000063	0.0086	0.9998	10

（2）精密度

在 10mL 10%的 H_3PO_4 反应溶液中，测定 100μg S^{2-} 吸光度，重复测定（n=6），测得吸收峰高值以毫米计算，相对标准偏差 CV = 0.99%，见图 5-33。

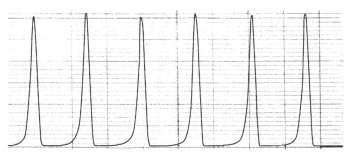

图 5-33　重复测定 6 次 S^{2-} 自动记录的吸收峰

（3）准确度

测定编号 205506 的统一标样，测定结果如表 5-24。

表 5-24　统一标样的测定值　　　　　　　　　　单位：mg/L

实验室数	1	2	3	4	5	6	平均值	CV/%
1	1.96	1.97	1.98	1.96	1.98	1.99	1.97	0.6
2	1.94	1.97	1.97	1.94	1.97	1.94	1.96	0.9
3	2.00	1.92	1.96	2.00	2.01	1.93	1.97	2.0
4	1.92	1.95	1.97	1.91	1.99	1.93	1.94	1.6
5	2.04	2.03	2.01	1.99	1.99	2.03	2.02	1.1

注：标样值（1.97±0.009）mg/L。

表 5-24 显示，5 个实验室测定含量（1.97±0.009）mg/L 的标准样品，最大值 2.03mg/L，最小值 1.91mg/L，最大不确定度为±0.006mg/L，小于允许值±0.009mg/L，说明方法的准确度良好。

5.6.7.2　加标回收率

取某工厂不同性质的水样，加入不同量的硫化物标准液，放置一昼夜进行测定，所得回收率列于表 5-25。

表 5-25　水样加标回收率

水样名称	水样含 S^{2-}/μg	加入 S^{2-}/μg	测得 S^{2-}/μg	回收率/%
中和槽废水	0.005	0.25	0.25	100
化工厂排放水	0.048	5.00	5.10	102
化工厂排放水	0.049	10.0	10.1	101
1 号泵站排放水	0.104	10.0	10.0	100
2 号泵站排放水	0.570	5.00	5.24	105
3 号泵站排放水	0.570	10.0	10.0	100
化工调整槽水	1.230	1.00	1.01	101
化工调整槽水	1.230	2.00	2.02	101

表 5-24 显示，不同水样的加标回收率基本接近 100%，说明方法的准确度良好。

5.7　亚硫酸盐的测定

亚硫酸盐通常是 SO_2 及能产生 SO_2 的无机亚硫酸盐的统称，是很早即在世

气相分子吸收光谱法
及应用

界范围内被广泛使用的食品添加剂。它具有漂白、脱色保色、疏松、防腐、还原及抗氧化等功效。食品制造或加工时，可以将亚硫酸盐用在果酱、果冻、水果派馅、调味糖浆、含葡萄糖浆的糕点，以及各类酒、麦芽类饮料中作为抗氧化剂；还可用于食品的漂白、防腐和抑制非酶褐变和酶促褐变。在印染工业中作为还原剂，对羊毛、蚕丝进行漂白等。随着工业的发展，产生的 SO_2 会形成酸雨，对环境造成极大的危害。

5.7.1 测定方法

测定亚硫酸盐的方法很多，有盐酸副玫瑰苯胺分光光度法、蒸馏碘量滴定法、蒸馏碱液滴定法、重量法、酶催化法、化学发光法、传感器法、毛细管电泳法、离子色谱法、高效液相色谱法、动力学光度法、原子吸收法、电感耦合等离子法等等。

上述诸多方法均存在灵敏度低、重复性差、干扰多的缺陷，一些方法应用也不广泛。经典的被广泛采用的方法是国标法盐酸副玫瑰苯胺分光光度法（GB/T 5009.34—2003）。该方法是使亚硫酸盐与四氯汞钠形成稳定的络合物，再与甲醛及盐酸副玫瑰苯胺生成紫红色络合物，在550nm波长比色，与标准曲线比较定量测定。方法具有操作简便、准确、灵敏、再现性好等特点。但是方法使用大量的汞盐和有机试剂，危害环境，不符合环保要求。

1976年苏格兰阿伯丁大学的学者 Cresser 和 Isaacson 测定了柠檬汁中的亚硫酸盐。采用了流动注射分析法，测定了亚硫酸盐分解的 SO_2 气体的吸收峰，见图5-34。吸收峰上的数据代表亚硫酸盐的含量（μg/mL），测定的物料中亚硫

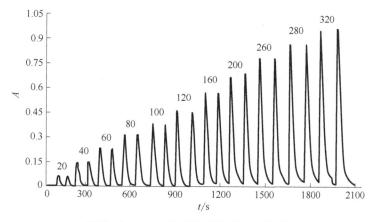

图5-34　SO_2流动注射的分子吸收峰

酸盐含量都比较高，图上 20μg/mL 亚硫酸盐吸光度约 0.07，方法灵敏度尚可。

亚硫酸盐极不稳定，在酸性介质中极易分解挥发生成 SO_2，SO_2 与 H_2S 一样，均可在 200nm 产生最大吸收。使用锌（Zn）空心阴极灯的 202.6nm 波长测定亚硫酸盐虽然灵敏度高，但伴有 H_2S 的吸收。另据报道，SO_2 在 250～340nm 还有一段较低的吸收，最大吸收为 280nm，见图 5-35 左图。据此，笔者采用镁（Mg）空心阴极灯的 285.2nm 测定了亚硫酸盐，虽然灵敏度低一些，但可避免大量的硫化物产生的 H_2S 吸收干扰。

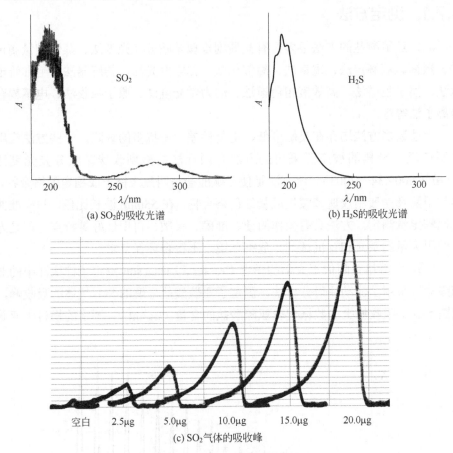

(a) SO_2 的吸收光谱　　(b) H_2S 的吸收光谱

(c) SO_2 气体的吸收峰

图 5-35　SO_2 的线性吸收光谱

5.7.2　方法试验

1997 年笔者使用 AA-8500 原子吸收分光光度计，在镁（Mg）空心阴极灯的 285.2nm 波长，探索性地在 10% 的 H_3PO_4 介质中测定了 Na_2SO_3 标准液与吸光度的线性关系。以高纯氮气为载气，用图 5-1 的气液分离吸收装置测定了不同浓度 Na_2SO_3 分解出的 SO_2 吸光度。

由于亚硫酸盐分解速率缓慢，得到完整的吸收峰约需 60s。为加速分解反应速率，可以加温或利用有机溶剂等活化溶液降低其表面张力。相比于加温，加入有机溶剂会更方便。依据本书对乙醇的活化作用已有的叙述，无水乙醇只在≤200nm 波长有较低的不稳定吸收，大于 200nm 吸收很低或无吸收。因此，在 214.4nm 波长测定 NO_3^--N 时就加入了少量无水乙醇活化溶液。同理，在 285.2nm 波长测定亚硫酸盐，加入少量无水乙醇活化反应溶液，使测定灵敏度提高了约 27%，弥补了镁（Mg）灯在 285.2nm 波长处测定灵敏度低于 200nm 波长处的不足。

水样中含有亚硝酸盐时，NO_2^- 会被加入的乙醇催化，产生 NO_2，虽然在镁（Mg）灯 285.2nm 波长的吸收很低，但是 NO_2^- 含量高时，也会使分析结果成正干扰。遇此情况，可在水样中加入 1～2 滴 10%的氨基磺酸，使 NO_2^- 在加入 H_3PO_4 介质测定亚硫酸盐的同时，被分解成不产生吸收的 N_2 而消除干扰。

为了消除 H_2S 的吸收干扰，选择镁（Mg）灯 285.2nm 波长测定的吸收峰，见图 5-35。在 10mL 溶液中测定 2.5μg Na_2SO_3 的吸收峰已经很高，初步测定的浓度范围达 2.00μg/mL，吸收峰与浓度成线性关系。吸收峰高以毫米计算，扣除空白的吸收峰，标准曲线的相关系数 r =0.9997、斜率 k =3.81、截距 b =0.028，各点标准液浓度与吸光度的倍数关系也相当好，见表 5-26。

表 5-26 Na_2SO_3 浓度与吸收峰高的关系

Na_2SO_3 浓度/(μg/mL)	空白	0.25	0.50	1.00	1.50	2.00
吸收峰高/mm	0.0	10.5	20.0	38.8	56.9	77.5

以上仅是早期的初步试验。用气相分子吸收光谱法测定亚硫酸盐，方法简便快速、灵敏度高，并可避免分光光度法使用大量汞盐造成的污染，希望广大科技工作者进一步研究推广。

5.8 氰化物的测定

氰化物有多种测量方法，如 Ag 离子滴定法、分光光度法、离子选择性电极法、库仑法，还有间接原子吸收法等，本书介绍 Grieve 等人的比较简便的气相分子吸收光谱法。

5.8.1 Grieve 等人的测定方法

Grieve 等人利用 PE-460 原子吸收分光光度计，去掉火焰原子化器上的燃烧头，装上 15cm 长的石英窗玻璃吸光管，用氘灯作辐射光源，单色器狭缝 2nm，测定波长 197nm，采用类似于测定硫化物（图 5-28）的气液分离反应装置，反应瓶容积 60mL，以氮气作载气，用 10mV 满度的条形记录仪记录测定释放出 NH_3 的吸收峰，从基线度量峰高值。

5.8.1.1 方法的操作步骤

移取一份 CN^- 溶液于 100mL 容量瓶中，加入 10mL 10mol/L NaOH 溶液和 15mL 0.12mol/L $KMnO_4$ 溶液。摇动一下溶液，放置 1min，仔细加入 10mL 8mol/L H_2SO_4，冷却后，加水稀释至刻度。从中吸取 1~2mL，注入强碱性 NaOH 溶液中，释放出 NH_3 来测定吸收峰，与已知标准 NH_4^+ 浓度的吸收峰相比较，得出分析结果。

（1）CN^- 的氧化

在高 pH 条件下将 0~12mL 10mol/L NaOH 溶液分别注入一组 10.0mL 1444μg/mL CN^- 溶液。于 100mL 容量瓶中，加入 15mL 0.12mol/L $KMnO_4$，5min 后，加入 15mL 8mol/L H_2SO_4，稀释至刻度。吸取 1mL 放入事先加入了 6mL 10mol/L NaOH 溶液的反应瓶中，测定 NH_3 的吸收峰。

氧化过程中，碱性不够，转铵率仅为 70.9%，但当溶液 pH 达到 12.5 时，转铵率可以达到 99.4%，几乎完全转化。

（2）CNO^- 转换成 NH_4^+

氰酸盐（如 NaCNO）和氧化后的水样均证实：加入 5 倍于 CN^- 物质的量的 $KMnO_4$ 可使 CNO^- 快速、定量地被转化成 NH_4^+，加入足量的 $KMnO_4$ 后，间隔 1min 左右再加入 H_2SO_4，过量的 H_2SO_4 并不给结果带来影响，过量 10 倍也未发现其它影响。相反，$KMnO_4$ 加入量不足，溶液中剩余的 CNO^- 则会在其后加入 H_2SO_4 时产生剧毒的 HCN，造成分析结果偏低。

在 H_2SO_4 溶液作用下，CNO^- 被转化成铵盐的反应如下：

$$CNO^- + 2H^+ + 2H_2O \Longrightarrow NH_4^+ + H_2CO_3$$

5.8.1.2 干扰及消除

考察了各种阴离子对 CN^- 测定的影响。将 1000μg/mL 的各种阴离子与氰化物混合液进行测定，与单独的氰化物测定相比，考察的阴离子有 SO_3^{2-}、Cl^-、Br^-、I^-、CO_3^{2-}、CNS^-、NO_3^-、NO_2^-。

其中的 Br⁻、Cl⁻ 会还原 KMnO₄，抑制了 KMnO₄ 的氧化作用，降低了分析结果各 16% 和 100%。CNS⁻ 可被部分氧化成 NH_4^+，在 NaOH 溶液测定时，释放出的 NH₃ 会使分析结果偏高。水样中原有的 NH_4^+ 也会在强碱性 NaOH 溶液中挥发成 NH₃，都会产生正干扰。为此，笔者试验改进了 Grieve 等人的方法。在 5.8.2 节加以叙述。.

5.8.1.3　方法的技术指标

（1）精密度与准确度

取 10mL 144μg/mL CN⁻ 溶液，加入 8mL 10mol/L NaOH 及 15mL 0.12mol/L KMnO₄，5min 后加入 8mL 14.5mol/L H₂SO₄，稀释至 100mL，共处理 10 份溶液；另外同法处理 10 份 14.8μg/mL CN⁻ 溶液，每份溶液重复测定 4~5 次，计算出平均结果，与 100μg/mL CN⁻ 标准溶液相比，测定 10 次的平均值为 143μg/mL 及 14.76μg/mL；单次测定误差为 3.7%（144μg/mL）及 1.1%（14.8μg/mL）；10 次测定的相对标准偏差 CV 分别为 4.4% 和 1.4%，准确度分别为 1.4% 和 2.2%。

（2）检出限

空白溶液吸光度值的标准偏差为 0.001，以 2 倍空白值的标准偏差除以标准曲线的斜率，检出限为 1.4μg/mL，因此转化成 NH_4^+ 的量必须 ≥2μg/mL 才能被检出，这相当于水样中 CN⁻ 浓度为 30μg/mL。

5.8.2　改进方法

用 K₂S₂O₈ 代替 KMnO₄ 氧化 CN⁻ 成为 CNO⁻，转化成 NH_4^+ 的方法不变，并且不是直接在强碱性 NaOH 溶液中挥发测定 NH_4^+，而是将 NH_4^+ 氧化成 NO_2^-，按照 NO_2^--N 的气相分子吸收光谱法测定氰化物。测定过程中的化学反应如下：

$$CN^- + S_2O_8^{2-} + 2OH^- \rule[0.5ex]{1.5em}{0.4pt}\!\!\!= CNO^- + 2SO_4^{2-} + H_2O$$

$$CNO^- + 2H^+ + 2H_2O \rule[0.5ex]{1.5em}{0.4pt}\!\!\!= NH_4^+ + H_2CO_3$$

$$NH_4^+ + 3BrO^- + 2OH^- \rule[0.5ex]{1.5em}{0.4pt}\!\!\!= NO_2^- + 3H_2O + 3Br^-$$

$$2NO_2^- + 2H^+ \xrightarrow{\text{乙醇}} NO_2 + NO + H_2O$$

5.8.2.1　用水与试剂

① 使用无氨去离子水，优级纯化学试剂。

② NaOH：40%。

③ K₂S₂O₈：2%。

④ H_2SO_4：14.5mol/L 及 4.5mol/L。

⑤ 无水乙醇。

⑥ 溴百里酚蓝指示剂：称取 0.1g 溴百里酚蓝试剂，加入 2mL 无水乙醇，搅拌成湿盐状，加入 100mL 水，搅拌溶解。

⑦ $NaBrO_3$ 氧化剂：按照 5.3（NH_3-N 的测定）配制。

⑧ NO_2^--N 标准溶液：按照 5.3（NH_3-N 的测定）配制。

5.8.2.2　仪器及装置

① AA-8500 原子吸收分光光度计。

② 锌（Zn）空心阴极灯，波长 213.9nm。

③ 气液分离吸收装置：参照 5.1（NO_2^--N 的测定）。

5.8.2.3　操作步骤

取 20mL 水样于 100mL 烧杯中，加入 40% NaOH 5mL 及 2 % $K_2S_2O_8$ 5mL，盖上表面皿，加热煮沸氧化，待溶液小气泡消失，浓缩至体积约 20～25mL，冷却，水洗表面皿及烧杯壁。再煮沸约 2min，冷却，水洗表面皿，沿杯壁加入 6mL 14.5mol/L H_2SO_4。移入 50mL 容量瓶中，加入 1 滴溴百里酚蓝指示剂，滴加 NaOH 至溶液变蓝，控制体积不大于 35mL。加入 12mL NaBrO 氧化剂，稀释至刻度，摇匀，放置氧化 20～30min。吸取 2mL 于反应瓶（图 5-1）中，加入 4.5mol/L H_2SO_4 及 0.5mL 无水乙醇，立即密闭反应瓶，通入载气测定吸光度。

图 5-36 是笔者在 1999 年测定的 CN^- 标准液的标准曲线时吸收峰高（mm）与 CN^- 浓度的线性关系。扣除空白峰高 4.0mm，各标准液吸收峰值列于表 5-27。经计算，相关系数 $r = 0.9999$，斜率 $k = 2.60$，截距 $b = 0.40$。改进方法的初步试验证明方法可行。在此提供给读者参考，以期进一步试验研究。

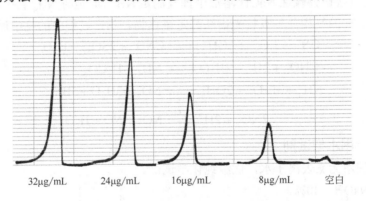

图 5-36　CN^- 浓度与吸收峰高的线性关系

表 5-27　CN⁻浓度与吸收峰高的关系

CN⁻/(mg/L)	空白	8.0	16.0	24.0	32.0
吸收峰高/mm	0.0	21.3	43.0	64.2	84.8

5.8.2.4　方法讨论

① 当水样含有 CNO⁻时，应把上述方法测定结果作为 A，然后取相同量的水样，在硫酸溶液中加入适量 EDTA 溶液，加热煮沸使水样原有的 CNO⁻挥发除去，再按上述方法测定，测得结果为 B，将 A 结果减去 B 结果，即为水样中氰化物的含量。

② 试验中调整优化了 NaOH 浓度以及 $K_2S_2O_8$ 和 H_2SO_4 的用量，以便达到最大吸光度。

③ 图 5-36 是最佳条件下测定和绘制的 CN⁻ 标准溶液的标准曲线。

④ 加入 H_2SO_4 后，放置 1～2min，以便使 CNO⁻ 完全转化成 NH_4^+。

⑤ HCN 剧毒，致死量 0.7～3.5mg/kg，因此要保证 CN⁻全部转化为 CNO⁻，$K_2S_2O_8$ 的加入量应为 CN⁻物质的量的 5 倍。$K_2S_2O_8$ 量不足，溶液会有残余的 CN⁻，随后加入 H_2SO_4 时 CN⁻ 即会产生剧毒的 HCN，并使测定结果偏低。

第**6**章

气相分子吸收光谱法应用的问题讨论

气相分子吸收光谱法是一种比较新颖的方法。笔者自 1986 年开始研究，至今已 36 年。国内分析者大都是在 2005 年 HJ/T 195—2005 至 HJ/T 200—2005 标准方法颁布实施后开始研究。广大用户对气相分子吸收光谱法寄予厚望，以为水样可以不用任何前处理直接测定，加之已有的常规或标准方法的测定条件难以掌握，出现了新老方法分析结果不一致的情况。有些问题看法不一，有些还需要用实验数据加以证实。因此，本章就此与读者进行讨论，不仅讨论气相分子吸收光谱法的问题，也会涉及已有的老方法及标准方法，目的是更好地应用气相分子吸收光谱法。

6.1 气相分子吸收光谱分析的环境要求

气相分子吸收光谱法测量的气体分子吸收信号一般比较微小，使用的仪器是高灵敏度的精密仪器，仪器读数 5 位，精确至小数点后 3 位，相对于分光光度计、原子吸收分光光度计等仪器，灵敏度至少高一个数量级，精密的高灵敏度仪器对实验室等环境要求较高。

① 放置仪器的实验室不宜太大，在 20m^2 左右较好。仪器最好放在朝北的房间，若在朝南的房间，要有避光的窗帘，避免阳光直接照射仪器。

② 仪器最好能单独放在一个房间。与其它仪器共用一个房间时，共用的仪器不能太多，房间内不可有液相色谱仪等使用有机试剂较多的仪器。

③ 房间湿度要求低于 85%，温度不得低于 15℃和高于 30℃，适宜的温度为 20～25℃，要用壁挂式空调保持温度。仪器要远离空调，避免空调对着仪器

吹冷气或热风。不建议用中央空调从房间顶部向下吹扫冷气或热风。

④ 仪器供电（220±22）V，有可靠的地线。不可与电动机和大功率设备共用电源。防止电磁干扰。笔者在测量仪器噪声时，曾正巧遇见保洁人员用吸尘器做地面清洁，距离仪器较近，仪器噪声所产生的吸光度立即增大了约 5 倍（见表 6-1）。噪声虽然增大了，但是影响是稳定的。

表 6-1　吸尘器的电磁干扰

状态	仪器噪声的吸光度（A）						
吸尘器不工作时	0.0000	0.0001	0.0000	0.0001	0.0002	0.0001	0.0001
吸尘器工作时	0.0004	0.0005	0.0004	0.0004	0.0005	0.0003	0.0005

这一情况说明，类似于吸尘器这样的设备，连续工作时产生的电磁干扰是稳定的，干扰程度也不是很大，不至于对测定结果产生太大影响。时有时无的电磁波才会干扰测定，例如有的单位将气相分子吸收光谱仪与原子吸收分光光度计同放于一个实验室，由于原子吸收的空压机间断地启动和停止，对气相分子吸收光谱仪产生时有时无的电磁干扰，就会影响仪器的稳定性。

（220±22）V 的电源表示，当电网电压低至 198V 或升高至 242V，仪器仍然可以正常工作，不表示电压的随机波动。如果电压升高或降低 22V，仪器基线噪声大，不能正常工作，应该考虑提高仪器供电的稳定性，或者将仪器通过 220V 交流稳压电源供电。

⑤ 室内不要存放化学试剂，特别是有机试剂，不能有 NH_3、H_2S、NO_2、NO 等氮氧化物气体和有机物等挥发性气体。

⑥ 使用仪器测完样品，必须彻底清洗仪器的测量系统。及时将所用化学试剂和仪器排放的废液带出仪器室。

6.2　关于水质分析的取样

任何不准确或者样品无代表性的取样方法，都不会得到真正的分析结果。气相分子吸收光谱法因不受水样中浑浊沉积物的影响或者说影响很小，给操作者带来很大方便。但其实，也不是随便怎样取样都可以做出好的结果。

首先，取样前要测试一下水样的酸碱度，酸度过大的水样测定 NH_3-N 时，会影响 NaBrO 氧化 NH_3-N 成为 NO_2^--N 的氧化效率；碱度过大的水样测定 NO_3^--N、NO_2^--N 以及硫化物时，会降低反应介质的酸度，使测定结果偏低。

因此，取样后要用酸或碱液将水样 pH 调至中性。用碱性过大的水样测定硫化物时，不能加酸调节 pH，因为加酸时，局部水样的硫化物会分解成 H_2S 造成损失而使结果偏低，只能酌情提高反应介质的酸度。

6.2.1　$NO_3^- -N$、$NO_2^- -N$ 以及 NH_3-N 的检测取样

取样方法根据测定成分存在的状态不同而不同。测定水中 $NO_3^- -N$、$NO_2^- -N$ 以及 NH_3-N，实际上是测定水样中的 NO_3^-、NO_2^- 和 NH_4^+。日本的 JIS 标准中均以测定其离子状态表示。

事实上，三种氮化物都是以离子状态分布在水体中的，其结合的钠盐以及金属化合物在水中被解离成离子状态，它们不会与浑浊和固形物结合成化合物，所以，用分光光度法测定这三种成分时，都必须用经过孔径 0.4μm 的玻璃纤维等滤膜减压过滤，取其洁净的滤液为水样，以避免水样的浑浊物对分光光度法测定结果的影响。

气相分子吸收光谱法的测定是将这三种测定成分分解成气体，从液相中挥发出来进入气相测定吸光度，因而一般水样中的浑浊或沉淀不会影响测定，是不需要过滤的。但是，需要注意的是，虽然浑浊和沉淀对测定吸光度无影响，但是所取水样中浑浊物或固形物过多，在取样量又比较少时，不过滤的话，浑浊物或固形物包括在所取的水样中，会使所取水样中的被测成分减少，测定结果就会偏低；对于蠕动泵进样的自动化仪器，由于进样针和蠕动泵管内径较细（$\phi 1 \sim 2.5mm$），浑浊物或固形物太多，或颗粒过大，就会使进样不顺畅，影响进样量的准确，甚至不能进样。所以必须要由分析人员根据具体情况操作。不一定要过滤，但可以离心沉降颗粒物，吸取含有细腻浑浊的上清液为水样。

6.2.2　TN、凯氏氮以及硫化物的检测取样

测定 TN 和凯氏氮的水样除了水溶液中离子态的氮化物之外，还应包括固体状的氮化合物，如蛋白质、脲和胨等固形物，所以水样不可以过滤，而是要将水样充分摇匀后立即取样。蠕动泵进样的仪器要边吹气搅拌边进样，进样针管和泵管要有足够大的内径，以便能够顺利均匀地吸进包括固形物的水样，使所取水样有代表性。

测定硫化物的水样因为在现场采样时加入了固定剂，S^{2-} 已固定成为 ZnS 沉淀。所以取样测定时，更加要充分摇匀立即取样。蠕动泵进样的仪器，要求进样针管和泵管有足够大的内径，并且要边吹气搅拌边进样。

6.3 关于空白样

测定物质成分的湿法化学分析，不论是容量法、重量法，还是分光光度法、原子吸收光谱法、离子色谱法等，在加入各种化学试剂、分解处理样品、调节保持一定的测量条件之后，都必须加水稀释定容至一定的体积。所加入的化学试剂和稀释定容水中很可能含有所测定的成分，因此必须在相同条件下，同时制备包含所加入的化学试剂和稀释水在内的空白样，并定容至与样品等体积。从样品测定值扣除空白样的测定值，对样品测定值进行校正，才能得到真实的分析结果。

6.3.1 固体样品分析的空白样

对于固体样品的分析测定，所制备的空白样是非常明确的，空白样就是处理试样所加入的化学试剂和稀释的定容水。现以原子吸收光谱法测定镁合金中的铝为例加以说明。

称取 0.2g 干燥过的试样于 150mL 烧杯中，加入 10mL HCl（1∶1）溶解片刻，滴加 2 滴 HNO_3 煮沸，待样品完全溶解，移入 100mL 容量瓶中，加入 20% 的 8-羟基喹啉溶液 5mL，用水稀释至刻度，按原子吸收光谱法的要求测定吸光度。

在 150mL 烧杯中加入与处理试样等量的 HCl 和 HNO_3 以制备空白样，与样品同时溶解处理后，移入 100mL 容量瓶中，加入 8-羟基喹啉溶液 5mL，加水稀释至刻度后测定吸光度。

这里所制备的空白样，就是除了不占体积的 0.2g 试样以外，所有的试剂和稀释定容水。0.2g 试样被分解成液体是不占体积的，就算是溶解数克试样所占的体积也可忽略不计。因此制备的空白样所含物质等于分解试样所加入的各种试剂及定容用水，这种空白样可以不多不少地扣除测定试样的空白，就算稀释用水中含有一定量的测定成分也不会影响测定结果。因此，处理试样及制备空白样的用水使用一般的去离子水或蒸馏水就可以了。

6.3.2 水质样品分析的空白样

与固体样品的分析不同，测定水样需要吸取一定体积甚至是全液量的水样。制备的空白样与测定水样溶液等体积，扣除空白时，总是多扣除了水样体积那部分空白水的吸光度，如果空白水样含有测定成分的话，扣除空白样测定值，所得水样测定结果必然偏低。所以在本章要对水质分析空白样的制备进行讨论。

6.3.2.1　空白样的制备

水样分析一般吸取数毫升乃至数十毫升水样，加入试剂消解水样后，用水稀释定容至一定体积（如 50mL）。对加入的试剂和稀释定容水进行空白校正时，一般加入相同量的试剂，用水稀释定容至 50mL，作为空白样。如果稀释定容水中含有测定成分，不管所取水样等于或小于 50mL，扣除这部分水的空白值，都会使测定的水样值偏低。取水样多时，稀释定容水少，水样值偏低得就多，反之则少。所以，使用的稀释定容水一定不能含有测定成分。

《水和废水监测分析方法》（第四版）中对测定 NO_2^--N 的方法有如下介绍：

（1）水样的测定

"分取经预处理的水样 50mL 于 50mL 比色管中（如含量较高，则分取适量用水稀释至标线），加入 1mL 显色剂，然后按标准曲线绘制的相同步骤测量吸光度。经空白校正后，从标准曲线上查得 NO_2^--N 的含量。"

（2）空白试验

"用水代替水样，按相同步骤进行空白校正。"

很明显，空白样中仅仅含有 1mL 显色剂。为了测定这 1mL 显色剂的空白，在制备空白样时取用了不含 NO_2^--N 的 50mL 水为定容水，加入 1mL 显色剂，总体积 51mL，等同于测定水样时的总体积。因为使用了不含 NO_2^--N 的水，测出的空白仅来自 1mL 显色剂。

同样，当水样含 NO_2^--N 量高时，就会少取测定水样。例如取 10mL 水样，这时测定水样时，加入 40mL 不含 NO_2^--N 的定容水，再加 1mL 显色剂，测定的总体积仍是 51mL。而制备的空白样均是 1mL 显色剂加入了 50mL 不含 NO_2^--N 的水，这样做也是针对 1mL 显色剂的空白试验。

上述的实例说明，制备空白样就只能是为了扣除分解水样所加入的试剂空白，水样的稀释定容水体积总是小于或等于制备的空白样，50mL 水样中没有稀释定容水，如果制备的空白样中含有 NO_2^--N，不管是多还是少，都会使水样被无辜地扣除用水的空白，使水样的测定结果偏低。所以测定 NO_2^--N 的空白水是绝对不能含有 NO_2^--N 的，分析者应该使用真正的不含 NO_2^--N 的空白水制备空白样。也就是要严格按照《水和废水监测分析方法》（第四版）强调的："试验用水均为不含亚硝酸盐的水。"必须使用蒸馏等方法制取无亚硝酸盐的水，以避免用水中含有 NO_2^--N，造成水样中 NO_2^--N 的测定结果偏低。

说到这里，测定水样就是要使用完全不含 NO_2^--N 的水。不仅仅是测定

$NO_2^- $-N，测定水样中任何成分都必须按照方法规定，采用蒸馏等各种方法制备不含测定成分的水！不能使用一般的去离子水。对于市售的纯净水，诸如娃哈哈、冰露等饮用的纯净水，经试验验证后才可使用。

鉴于主要是讨论气相分子吸收光谱法的空白。笔者仅举 $NO_2^- $-N 的分光光度法加以介绍，分析监测工作者能够重视空白水的质量，对常规经典法及标准方法的空白水也是同样的要求，这样方能对照验证新兴的气相分子吸收光谱法测定结果的可靠性。

6.3.2.2　气相分子吸收光谱法空白样的制备

气相分子吸收光谱法延续了经典的分光光度法，也是将分解水样的试剂用水稀释定容制备空白样。

以 $NO_2^- $-N 的测定为例，早期的经典仪器采用定量进样方式。用刻度移液管仅取 2mL 水样，加入 3mL 试剂（0.3mol/L 柠檬酸或 3mol/L HCl），再加入 0.5mL 无水乙醇，总体积 5.5mL，测定吸光度。

空白应是 2mL 水样之外的 3mL 柠檬酸或 3mL HCl 及 0.5mL 无水乙醇带来的 $NO_2^- $-N。但是制备空白样都是取用 3mL 去离子水，因空白水量少，测定的吸光度值一般在 0.0005 左右，这样低的空白对一般水样的测定影响不大，能够准确测定低至 0.01mg/L 的 NO_2^-，因而制定方法没有强调用水的质量，就连 HJ/T 195—2005 至 HJ/T 200—2005 标准方法中，也没有强调应该使用无 $NO_2^- $-N 的水！

随着仪器的自动化，采用蠕动泵进样。一只泵管吸取水样，另一只吸取试剂（载流液），两者混合反应测定吸光度。很明显，空白就是吸取的试剂。但是我们都是用吸取试剂的泵管吸取纯净水测定空白，同样的道理，测定的水样只用了部分稀释水，若稀释水中含有测定成分的话，测定水样的结果与其它分析方法一样，因被无辜地扣除了与水样等体积的那部分空白水的吸光度，而降低了分析结果。

同样地，以测定 $NH_3 $-N 为例，水样与 NaBrO 氧化剂先行混合将 $NH_3 $-N 氧化成 $NO_2^- $-N，再将 $NO_2^- $-N 与 HCl 混合测定 $NO_2^- $-N 的吸光度。这里只是水样与 NaBrO 及 HCl 产生化学反应。所以测定 $NH_3 $-N 的空白也只能是 NaBrO 和 HCl 为空白。但是，这些年来我们都是用与水样等体积的去离子水或纯净水来测定空白，没有特别强调必须使用无 $NH_3 $-N 和无 $NO_2^- $-N 的水，致使测定 $NH_3 $-N 的空白吸光度值竟然高到 0.0050，有的超过 0.0150。这样高的空白从水样扣除的话，测定的水样结果必然偏低。所以本书在第 5 章 5.4.3.1$NH_3 $-N 的测定中特别强调，测定 $NH_3 $-N 的用水，必须使用无 $NH_3 $-N 和无 $NO_2^- $-N 的水。

如今终于在本书第 6 章"气相分子吸收光谱法应用的问题讨论"中，可以明确证告，各测定方法中的用水绝对不可含有测定成分，恳请读者予以重视。

6.4　气相分子吸收光谱法空白的消除

当实验室一时没有达到要求的纯净水时，可根据气相分子吸收光谱法的测定原理，利用被测成分挥发成气体分子的特性，将配制好的反应介质中所含有的测定成分完全消除或基本消除，以利于低含量水样的测定。

6.4.1　NO_2^--N 空白的消除

笔者在为用户调试仪器时，意外发现有厂家生产的 HCl 及无水乙醇含有高达 0.5 的吸光度。无法确定是 NO_2^-、乙醇还是有机物的吸收。这种 HCl 或乙醇根本不可使用。要想使用必须消除其含有的空白。

根据 NO_2^--N 的测定方法，NO_2^- 在酸性反应介质中，可被乙醇催化迅速分解成可挥发的氮氧化物气体。我们可以采用曝气的方法，使配制好的反应介质中存在的 NO_2^- 分解成氮氧化物气体，连同有机物气体挥发去除。

具体做法是，在配制柠檬酸+乙醇或者是 HCl +乙醇的过程中，虽然 NO_2^- 经催化已生成挥发性的氮氧化物气体，但是，在一般性配制溶液的过程中，挥发性气体只能从溶液中缓慢地挥发一部分。经过试验，完全挥发出去可按下述方法操作：

a.将配制好的反应介质用两只大烧杯，上下拉开距离倾倒曝气，使反应介质充分受到空气的扰动。让溶液中的氮氧化物被空气扰动起来才可以驱赶除去。曝气次数的确定，可将曝气后溶液当作水样，按照测定 NO_2^--N 的方法测定氮氧化物的吸光度，当吸光度降至 0.0003 左右，可以认为反应介质中的 NO_2^--N 空白已经被消除。至于尚存 0.0003 的吸光度，应该是仪器光、机、电等噪声的吸光度。

b.除了曝气方法，还可以仿制一个较大的（如 200mL）带砂芯的反应瓶，将配制好的反应介质倒入其中，用较大的 G3 砂芯棒向反应介质吹入大流量空气。约 20s 即能将氮氧化物驱除，使吸光度降至 0.0003 左右。

6.4.2　NO_3^--N 空白的消除

测定 NO_3^--N 的反应介质是含有 15%～20% $TiCl_3$ 的 20% HCl 溶液。为了降

低反应液的表面张力，促使 NO 快速挥发，加入了少量无水乙醇。

在酸性介质中 $TiCl_3$ 能够还原分解 NO_3^-，所以市售的含有 20% HCl 介质的 $TiCl_3$ 还原剂是不可能存在 NO_3^- 空白的。只是在配制 $TiCl_3$ 反应介质（载流液）时，所加入的 HCl 和定容水中含有比较高的 NO_3^- 空白。

要消除 HCl 和水中的空白，可将配制好的 $TiCl_3$ 反应介质放在（70±2）℃的水浴中加热 10min，取出冷却至不烫手时，再采用 6.4.1 中介绍的驱除 NO_2^--N 的曝气方法。这样可比较容易地将反应介质中 NO_3^- 还原分解成的 NO 挥发除去。至于 NO_2^-，是很容易被 $TiCl_3$ 还原的，更何况反应介质中还加入了无水乙醇，NO_2^- 被催化分解生成的氮氧化物气体也在曝气过程中除去了。

6.4.3　硫化物空白的消除

在分析监测方法使用的纯水中，一般是不会含有硫化物的。即使有，遇酸也很容易分解成 H_2S 而逃逸，所以配制的 HCl 反应介质中是不会存在硫化物的。但如有必要，使用的 HCl 还是要采用消除 NO_2^--N 的"倾倒曝气"方法，将可能含有的硫化物生成 H_2S 以完全消除。

以上三个测定成分的反应介质（载流液），若在配制过程中，能够完全或基本消除其空白，这对低含量水样的测定是非常有利的，也是气相分子吸收光谱法的一个特点。

6.5　气相分子吸收光谱法空白的降低

对于 NH_3-N、TN 及凯氏氮的测定，不容易完全消除空白，但是可以采用各种方法降低空白，以利于低含量水样的测定。

6.5.1　降低测定 NH_3-N 的空白

测定 NH_3-N 所用试剂、水以及使用的器皿空白都比较高，为便于精准测定低含量水样，降低 NH_3-N 空白势在必行。

6.5.1.1　制备无氨水

测定 NH_3-N 配制试剂用水以及测定水样、制备空白样的用水均必须使用无氨水。无氨水的制备方法在 5.3.4.1 NH_3-N 的测定方法中已有明确介绍，必须严格执行。

6.5.1.2　40% NaOH 空白的降低

测定 $NH_3\text{-}N$ 需要 40% NaOH 溶液配制 NaBrO 氧化剂。NaOH 常含有铵和氮化物，影响低含量 $NH_3\text{-}N$ 的测定，必须去除其影响。去除的方法是，用一带刻度的大烧杯先配成 20% 的 NaOH 溶液（如 800mL）将烧杯盖上表面皿，加热煮沸、浓缩至准确 400mL，立即用流水冷却至室温，密闭保存在聚乙烯瓶中。

煮沸过的 NaOH 溶液不仅除去了氮及铵的空白，NaOH 液面上的蜡状液膜也会消失，使用这种 NaOH 溶液，可以降低 NaBrO 氧化剂的空白。

6.5.1.3　容器空白的降低

一般的玻璃器皿及塑料容器常常含有不可忽略的氮，不利于低含量（如海水养殖水样中）$NH_3\text{-}N$ 的测定。此时，寻找含氮量低的容器就显得十分重要。借此在这里介绍一下湛江海洋与渔业环境检测站在选择使用器皿方面的经验，具体方法参见本章 6.8.1.1 节。

6.5.1.4　$K_2S_2O_8$ 空白的降低

① 配制碱性 $K_2S_2O_8$ 及消解水样时，必须使用高纯度水，使用的器皿一定要清洁。

② 笔者在 1999 年试验测定 TN 时，测量浓度较高，未发现 $K_2S_2O_8$ 空白高的影响。而据文献报道，如今需要使用纯度高的进口 $K_2S_2O_8$，使用国产 $K_2S_2O_8$ 需要重结晶以提高纯度，使其空白吸光度低至 0.03。

③ 配制 $K_2S_2O_8$ 氧化剂时，先配好 NaOH 溶液，冷却至室温后再将称好的 $K_2S_2O_8$ 加入 NaOH 溶液中，搅拌溶解。或者将 NaOH 与 $K_2S_2O_8$ 溶液各自配好，冷却至室温后再按比例混合。$K_2S_2O_8$ 常温下难以溶解，在 $50\sim60℃$ 可快速溶解，但要注意过高的温度会使 $K_2S_2O_8$ 分解失效，因此温度不要超过 60℃。

④ 配制好的 $K_2S_2O_8$ 氧化剂要防尘、防污染，可用时间 $2\sim3$ 天，最好现用现配。

6.5.1.5　水样消解空白的降低

① 消解水样需要 60min。温度也可适当提高，以便消解完全并彻底分解过剩的 $K_2S_2O_8$，使水样的空白值降至最低。时间不足 60min 及温度较低时，分解不完的 $K_2S_2O_8$ 会在 220nm 产生吸收，尤其是空白样中的 $K_2S_2O_8$ 不能完全被分解，所产生的吸光度会使总氮分析结果偏低。

② 碱性 $K_2S_2O_8$ 消解液中的碱性会使消解过程中的 $NH_3\text{-}N$ 挥发成 NH_3 而损失，$NH_3\text{-}N$ 含量过高，则挥发损失尤为严重。为降低损失，测定总氮时，25mL 消解液中氮含量应控制在 $0.2\sim7mg/L$，超过 7mg/L 要进行稀释再消解。

③ 在用分光光度计比色测定时，220nm 波长的准确与否对结果影响很大。有人做过实验：波长增加 1nm 时，吸光度降低 0.039，反之就会增加。由于测定标准样或水样时，反复将 220nm 与 275nm 波长来回切换，会由于波长的重复性不好带来测量误差。因此，一定要使用波长准确度高和重复性好的分光光度计。有分析者使用岛津 UV-1700 或 UV-2401 双光束分光光度计进行比色，消除波长的影响；也有人将空白样、标准样、水样均在 220nm 波长比色后，再在 275nm 比色，可有效避免波长的反复切换而引起的测量误差。

笔者认为，解决了上述①、②与③的操作技术难题，就应该能够解决三氮（ NO_2^--N、 NO_3^--N、 NH_3-N ）大于 TN 的问题。

相对而言，用 $TiCl_3$ 将硝酸盐还原分解成 NO 的气相分子吸收光谱法，没有上述的诸多影响因素。只要水样 TN 消解完全，剩余的 $K_2S_2O_8$ 可通过加大 $TiCl_3$ 的用量加以还原，测定结果是不会受到影响的。

6.5.2 降低测定凯氏氮的空白

凯氏氮的空白主要来自于水样的消解剂、NaBrO 氧化剂、HCl 及乙醇载流液，大多可以在配制试剂时采用曝气的方法将空白去除。NaBrO 氧化剂不可以曝气，其空白不能消除或降低。

6.6 关于标准溶液与标准样品

水质分析的标准溶液与标准样品均是用纯水配制的水溶液，不存在基体和干扰物质，因此，将两者一起讨论。

6.6.1 标准溶液与标准样品的保质期

在 HJ/T 195—2005 至 HJ/T 200—2005 气相分子吸收光谱法标准中虽然包含 6 个方法，但所需要的标准溶液仅为 NO_2^--N、 NO_3^--N、 NH_3-N 和 Na_2S。这些市售的标准液均封装在安瓿中， NO_2^--N、 NH_3-N、 Na_2S 的保质期为一年，最稳定的 NO_3^--N 保质期在一年以上。配制标准使用液和标准样品时，一定注意保质期，不得使用超过保质期的标准液和标准样品。

6.6.2 标准溶液与标准样品的配制

需要配制的标准溶液中，比较难以操作的是硫化物标准溶液和硫化物标准样品（简称标样）。目前市场上销售的硫化物标准溶液和硫化物标样都是用 Na_2S 配制的碱性溶液，是没有加固定剂的透明状水溶液。而且标准溶液的浓度都很高，达 1000μg/mL。这样高浓度的溶液一经开封，必须立即用干燥的胖肚移液管吸取所需的用量，边摇动边滴入事先加入了 $Zn(Ac)_2$ 固定剂的碱性水（pH=11～13）的容量瓶中，加水稀释至刻度，充分摇匀。以此作为绘制标准曲线的使用液。稀释标准原液时动作要快，稍微迟缓，Na_2S 即会挥发出 H_2S 而损失。建议将安瓿瓶放入冰箱的冷藏室，开瓶前从冰箱取出放置，达到室温立即吸取。

6.7 关于标准曲线的绘制

6.7.1 绘制标准曲线的线性范围

6.7.1.1 高点标准液浓度的确定

目前，对于气相分子吸收光谱法，测定宽带吸收的 NO_2^--N、NH_3-N、凯氏氮、硫化物时，采用较低吸收灵敏度波长的实验条件，最高浓度可以测到 50mg/L，标准曲线依然可以保持良好的线性。但是浓度太高会使测量系统的液路及气路产生污染记忆，难以洗涤干净，影响后续低浓度水样的测量。因此，采用自动化仪器，标准曲线最高点浓度及水样浓度以不超过 5mg/L 为好。

NH_3-N 的测定方法是将 NH_4^+ 氧化成为 NO_2^-，以测定 NO_2^--N 的形式测定 NH_3-N。根据文献报道，NH_3-N 的氧化浓度已由不足 1.0μg/mL 扩展到几近 2μg/mL。实际上，NH_3-N 被 100%氧化成 NO_2^--N 的浓度接近 2.0μg/mL，是一个极限值，要达到 2.0μg/mL 很难。所以用 NH_3-N 标准液氧化，绘制工作曲线的浓度应低于 2.0μg/mL。但是许多监测站在绘制标准曲线时都将 2μg/mL 作为最高浓度，这是值得商榷的。

NH_3-N 是基于将其全部氧化成 NO_2^--N 进行测定的，理应用 NO_2^--N 标准液绘制标准曲线计算结果。但是许多人用 NH_3-N 标准液与水样一同氧化成 NO_2^--N 绘制标准曲线。笔者认为这样会使 NH_3-N 不能完全氧化成 NO_2^--N，致使曲线斜率偏低，水样结果偏高；也可能在氧化过程中使 NH$_3$-N 受到污染，氧化后 NO$_2^-$-N 含量偏高，使标准曲线斜率偏高，水样检测结果偏低。因此测定 NH$_3$-N 必须使用 NO$_2^-$-N 标准液绘制标准曲线。其实，用 NO$_2^-$-N 标准液绘制标准曲线才是合理的。因为不存在 NH$_3$-N 的氧化率问题，也不会受到氧化剂和氧化过程中带来的污染。只要吸取的 NO$_2^-$-N 标准液准确，NH$_3$-N 含量在氧化范围内，用 NO$_2^-$-N 绘制的标准曲线比用 NH$_3$-N 氧化成的 NO$_2^-$-N 绘制的工作曲线可靠，测定结果更加准确。

6.7.1.2　低点标准液浓度的确定

按理说，低点标准液的浓度大于检出限浓度 5 倍以上就可以了，但是由于测量系统，特别是自动化仪器的测量系统中，蠕动泵对于过低浓度的标准液进样不精准，得到的吸光度是不容易准确的。所以笔者建议，不要以水样的最低含量（如 0.02mg/L）配制标准液。大量实践证明，最低点浓度从可靠的 0.2mg/L 起配到最高点浓度，只要绘制的标准曲线呈良好的线性，且通过零点，该标准曲线同样可以准确计算出低至 0.02mg/L 水样的分析结果。

6.7.2　多点标准液绘制标准曲线的方法

6.7.2.1　直接用刻度试管配制标准溶液

用气相分子吸收光谱法及其它的光度法绘制 0.00μg/mL、0.40μg/mL、0.80μg/mL、1.20μg/mL、1.60μg/mL、2.00μg/mL 的 6 点标准曲线，一般可参照图 6-1，向 1～6 号经过标定的聚乙烯刻度试管中，分别加入标准原液，再分别加水稀释至刻度。摇匀后测定各自吸光度，即可绘制标准曲线。

现在要讨论的是，标准原液和各点标准的稀释定容水的问题。通常是标准原液早已配制好，与当天配制标准点的用水很可能是不同的，假如原液用水空白低，当天标准点稀释水空白高，因标准点稀释水的体积比例相差悬殊（如图 6-1 的 2～6 号），各点标准液扣除零标准液（1 号）的吸光度，标准点的吸光度就会逐渐降低，所绘制的标准曲线就会向横坐标弯曲。反之，标准原液用水空白高于稀释定容水，曲线就会向纵坐标弯曲。因此应严格要求标准原液和标准点的定容水都是完全不能有空白的。

笔者曾经用配制标准原液的水配制稀释 1～6 号的标准点溶液（图 6-1），因为是同一种纯水，即使这个纯水存在一定空白浓度值，各点标准原液体积与定容水的体积不同，但它们所含有的空白是相同的，所以，不仅绘制的标准曲线成线性，更重要的是标准点的浓度与吸光度也成良好的倍数关系。

图 6-1 的 7 号试管中加入了 20mL 水样及 30mL 稀释定容水，与绘制标准曲线点的标准溶液体积相等，均为 50mL。这里要强调的是，水样 7 的 30mL 稀释定容水必须不含有测定成分！水样的空白（1 号）也要用完全不含有测定成分的纯水配制。如此，水样测定结果即为正确！

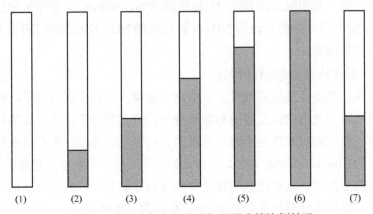

图 6-1　试管中各点标准液与稀释水的比例关系

6.7.2.2　用微量可调移液器配制标准溶液

采用 50～250μL 微量可调移液器吸取标准原液（母液）可以保证所取的标准液体积相差较小，定容体积 10mL 时，所取标准液及稀释水的体积最大误差也只有 2.5%，基本可以解决用刻度移液管取标准液的体积悬殊而导致的绘制标准曲线时出现的低端浓度吸光度高、高端吸光度低或者相反的问题。笔者在方法试验中经常使用 50～250μL 的微量可调移液器，在吸取 50μg/mL NO_2^- 标准溶液绘制标准曲线时，准确度可以满足要求。

6.7.3　单点标准液绘制标准曲线的方法

自动化气相分子吸收光谱仪都有使用标准原液绘制标准曲线的功能。该法是采用自动进样器以空白水稀释标准原液得到从低到高的标准溶液浓度，再逐一测定吸光度。这种绘制标准曲线的方法必须使用同一种纯净水，如同 6.7.2.1 所述，使用的单点标准原液和绘制标准曲线的各点标准液均使用与空白相同的同一种纯净水，以抵消标准原液和标准点因去离子水的不同而产生的空白差异，可以得到可靠的、浓度与吸光度均成倍数关系的标准曲线。

6.7.4 标准曲线的判定

图 6-2 是某环境监测站用单点标准原液绘制的标准曲线。其零点标准液吸光度不得而知。但是扣除空白后，第一点浓度 0.05μg/mL，吸光度为 0.0076；第二点浓度 0.10μg/mL，吸光度为 0.0129。

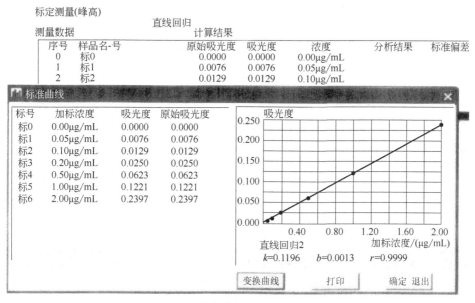

标定测量(峰高)

直线回归

测量数据　　　　　　　　　　计算结果

序号	样品名-号	原始吸光度	吸光度	浓度	分析结果	标准偏差
0	标0	0.0000	0.0000	0.00μg/mL		
1	标1	0.0076	0.0076	0.05μg/mL		
2	标2	0.0129	0.0129	0.10μg/mL		

标准曲线

标号	加标浓度	吸光度	原始吸光度
标0	0.00μg/mL	0.0000	0.0000
标1	0.05μg/mL	0.0076	0.0076
标2	0.10μg/mL	0.0129	0.0129
标3	0.20μg/mL	0.0250	0.0250
标4	0.50μg/mL	0.0623	0.0623
标5	1.00μg/mL	0.1221	0.1221
标6	2.00μg/mL	0.2397	0.2397

直线回归2
k=0.1196　b=0.0013　r=0.9999

变换曲线　　打印　　确定 退出

图 6-2　单点定标的氨氮标准曲线

单从这两点标准液的吸光度来看，似乎第二点吸光度低了很多。以第一点来算，至 2.00μg/mL 的吸光度应是 0.3040，但实测的吸光度只有 0.2397，低了 21.2%。这样的标准曲线虽然 r=0.9999，截距 b=0.0013，但曲线点浓度与吸光度不成倍数关系，吸光度逐渐降低。

那么，这条标准曲线能不能采用呢，假设各标准点浓度的吸光度是对的，我们可以用标准点浓度回测加以证实，便可得到表 6-2 的数据。

从表 6-2 标准点回测的浓度观察，原本第一点标准液浓度 0.05μg/mL，回测的浓度竟然高达 0.0635μg/mL，高出 0.05μg/mL 27%。相差这么大，到底是第一点高了还是第二点低了？我们可以从第四点 0.5μg/mL 吸光度为 0.0623 来判断：该浓度是第一点的 10 倍，吸光度也应是第一点的 10 倍；另外将第二点的吸光度除以 2 理论上应等于第一点的吸光度 0.0063。显然，曲线点 0.05μg/mL 的 0.0076 吸光度是过高的异常值。对于这样的异常值必须重测，重测的吸光度应该在 0.0063 左右。

表 6-2 回测标准点浓度

序号	原始吸光度	吸光度	回测浓度/(μg/mL)	分析结果/(μg/mL)
0	0.0000	0.0000	0.0000	0.0000
1	0.0076	0.0076	0.0635	0.0635
2	0.0129	0.0129	0.1078	0.1078
3	0.0250	0.0250	0.2090	0.2090
4	0.0623	0.0623	0.5207	0.5207
5	0.1221	0.1221	1.0206	1.0206
6	0.2397	0.2397	2.0036	2.0036

我们假设重测浓度 0.05μg/mL 的吸光度为 0.0063，依此再绘制标准曲线，得到图 6-3 的标准曲线。

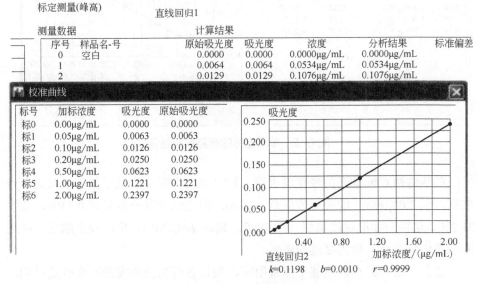

图 6-3　修正后的标准曲线

图 6-3 标准曲线的相关系数与图 6-1 没有太大的变化，但是标准浓度点的吸光度均成倍数关系。以此标准曲线计算各点标准浓度，见表 6-3，得到的第一点标准液浓度为 0.0526μg/mL。由图 6-1 标准曲线计算，第一点标准液浓度降至 0.0526μg/mL，与 0.05μg/mL 相比高了 5.2%。用图 6-2 修正的标准曲线，计算的低浓度标准液准确性有较大改善，见表 6-3。

表6-3　修正曲线后回测标准点的浓度

序号	原始吸光度	吸光度	浓度/(μg/mL)	分析结果/(μg/mL)
0	0.0000	0.0000	0.0000	0.0000
1	0.0063	0.0063	0.0526	0.0526
2	0.0129	0.0129	0.1076	0.1076
3	0.0250	0.0250	0.2086	0.2086
4	0.0623	0.0623	0.5199	0.5199
5	0.1221	0.1221	1.0189	1.0189
6	0.2397	0.2397	2.0002	2.0002

以上的试验告诉我们，不论是多点还是单点标准溶液绘制的标准曲线，不仅要使其相关系数 $r \geqslant 0.999$ 或等于 1，而且各浓度点的吸光度也必须成良好的倍数关系！分析操作者要及时判断，出现异常的吸光度值必须重测，达到要求方可绘制标准曲线。

6.8　关于测定方法的讨论

为了使气相分子吸收光谱法分析结果能与分光光度法等方法测定结果有较好的一致性，让我们重点讨论一下应用较多的 NH_3-N、TN 以及硫化物的测定方法。

6.8.1　NH_3-N 的测定

6.8.1.1　测定 NH_3-N 的条件

实验室空气、用水、试剂以及容器，都会存在铵或氮化物。这使 NH_3-N 特别是微量 NH_3-N 的测定往往得不到准确结果。因此要创造条件，降低或消除 NH_3-N 的空白影响。

（1）测定 NH_3-N 的室内环境

自然界充斥着大量的氮化物,氨氮的污染日趋严重,因此在分析检测 NH_3-N 时必须要创造一个良好的实验室环境。实验室空气要清新、操作台面要洁净、室内人员不宜多，室内不得存放任何铵盐及有机试剂。

（2）测定 NH_3-N 的容器

气相分子吸收光谱法测定 NH_3-N 的关键是 NH_3-N 的氧化，要使用不含或含氮量极低的容器。在选用容器方面，湛江海洋与渔业环境监测吴卓智先生带领的团队，在测定含量较低的海水及海水养殖的 NH_3-N 时，除了使用无氨无氮的空白试剂外，对于选用含 NH_3-N 低的容器，所做的工作很有成效。找到了含氮量极低的容器，在此略加介绍。

他们根据自己实验室已有的容器，选用了 6 个不同材质的容器试验了氮化物的空白。具体操作是：

a.塑料试管容器中加入 10.0mL 无氨水及 2.0mL NaBrO 氧化液，氧化 15～30min，测定吸光度。

b.容量瓶中加入 20.0mL 无氨水及 4.0mL NaBrO 氧化液，氧化 15～30min，测定吸光度。

测定的各类容器含氮化物的空白吸光度见表 6-4。

表6-4 不同材质容器中测得氨氮的空白吸光度

序号	容器名称	空白吸光度（A）						平均值	标准偏差
1	塑料离心管	0.0002,	0.0003,	0.0002,	0.0000,	0.0003,	0.0001	0.00018	0.00012
2	聚四氟乙烯管	0.0013,	0.0018,	0.0019,	0.0016,	0.0018,	0.0019	0.00172	0.00023
3	25mL 比色管	0.0019,	0.0026,	0.0027				0.00240	0.00044
4	50mL 比色管	0.0086,	0.0015,	0.0089,	0.0087,	0.0074,	0.0015	0.00610	0.00360
5	50mL 容量瓶	0.0054,	0.0031,	0.0064				0.00497	0.00169
6	17 料钢铁量瓶	0.0004,	0.0006,	0.0002,	0.0004,	0.0004,	0.0006	0.00043	0.00015
7	具塞钢铁量瓶	0.0007,	0.0004,	0.0009,	0.0007,	0.0013,	0.0007	0.00085	0.00023

表 6-4 说明，不同材质制作的容器含氮量相差较大。其中含氮量最低的是塑料离心管和 17 料玻璃制的钢铁量瓶，具塞钢铁量瓶的含量也较低，比色管的含氮量都比较高。

吴卓智带领的团队使用了空白吸光度低至 0.00018 的塑料离心管，使得 NH_3-N 的检出限由 0.02mg/L 降至 0.006mg/L。塑料制品种类繁多，塑料离心管究竟是何种塑料尚未可知，分析者对塑料的真实材质都比较陌生，希望有兴趣的分析人员能够进一步试验，选用空白低至 0.00018 的离心管或比色管测定 NH_3-N。

（3）配制 NH_3-N 标准液的容器

为保证所配制的标准溶液不受污染、浓度不变，应该选用既不吸附也不溶出铵或氮的硅硼硬质玻璃容器或类似上述塑料离心管材质的容器保存标准溶液。存放标准溶液的容量瓶洗刷干净后要 3mol/L NaOH 溶液浸泡 1h，用自来水洗掉碱液后，再用 H_2SO_4（1：3）浸泡 24h，之后用自来水洗涤，最后用无氨水洗净。

（4）NH$_3$-N 标准液的特别处理

海水养殖监测的水样，NH$_3$-N 含量往往低至 $10^{-2}\mu g/mL$ 量级，使用的标准液浓度也很低，应将分装的标准液灭菌处理，将储存的标准液放入烘箱内，于110℃加热保温 1h，隔天再重复一次。灭菌处理前后的标准液浓度变化应不超过±2%。

（5）纳氏试剂的配制

纳氏试剂的配制要求很严格，HgI$_2$ 和 KI 必须按理论比例 1.37g：1.00g 来配制，接近此理论值纳氏试剂的显色灵敏度较高，若 KI 过量则可引起灵敏度降低。

纳氏试剂的配制方法对 NH$_3$-N 的测定结果影响很大。资料报道纳氏试剂的配制方法有以下三种：

① 称取 5g KI，溶于 5mL 无氨水中，在搅拌下，分次少量加入 2.5g HgCl$_2$ 于 10mL 热的无氨水中，直至出现微微的朱红色为止。冷却后，将溶液加入 50% 的 KOH 溶液中，充分冷却，加无氨水稀释至 100mL，静置 1 天，取其上清液贮存在棕色瓶中，盖紧橡皮塞于低温处保存，有效期 1 个月。

② 称取 100g HgI$_2$ 和 70g KI，溶解于少量水中，在搅拌下将溶液加入 32% 的 NaOH 溶液中，加无氨水稀释至 1L，贮存于带橡胶塞的硅硼玻璃瓶中，在暗处保存，可稳定使用 1 年。

③ 称取 35g KI 和 12.5g HgCl$_2$，溶于 700mL 无氨水中，在搅拌下，加入饱和的 HgCl$_2$ 溶液，直至出现微量的朱红色沉淀为止（约需 40～50mL HgCl$_2$ 溶液）。然后，将溶液加入 150mL 50% 的 NaOH 溶液中，加无氨水稀释至 1L，再加入 1mL 饱和的 HgCl$_2$ 溶液，摇匀，盖紧橡胶塞，于暗处保存，使用时取上清液。

《水和废水监测分析方法》（第四版）中的纳氏试剂光度法，配制纳氏试剂的方法与上述的①法及②法相似，比较易于配制出比较好用的试剂。

6.8.1.2 测定 NH$_3$-N 的注意事项

采用纳氏试剂光度法直接测定水样时必须注意以下因素，否则纳氏试剂光度法的结果往往容易偏高。

① 贮存纳氏试剂须用含氮极低的硅硼硬质玻璃瓶，或者聚乙烯塑料瓶。市场上供应的玻璃试剂瓶，大都是用垃圾玻璃烧制的，不要轻易使用。

② 配制 NaOH 溶液时因产生溶解热，溶液温度升高，须冷却至室温方可

使用。热溶液与碘化汞、碘化钾混合时，汞离子将会因沉淀而使色度偏高。配好的纳氏试剂若产生沉淀，须用玻璃纤维滤纸将沉淀过滤除去；若使用普通滤纸过滤，因滤纸含铵量较高，必须将滤纸上的铵盐用无氨水充分洗涤去除。

③ 水样中干扰多，特别是含有脂肪胺、芳香胺、醛类、酮类、醇类和有机氯胺类等有机化合物、硫化物以及颜色等都会使结果偏高。因此要将铵蒸馏分离出来测定，蒸馏时必须严格控制蒸馏液的碱度，以酚酞指示剂调至 pH=7，还要加入粉末状 MgO 严格保持 pH 值，pH 过大会导致有机胺挥发成 NH_3 而馏出，使测定结果偏高。

④ 水样有颜色须蒸馏脱色，有浑浊沉淀须过滤，如未能严格去除颜色和浑浊，结果也会偏高；

⑤ 水样存在生成沉淀或浑浊物的铁、锰、钙、镁等金属离子，要事先加入酒石酸钾钠进行隐蔽。

⑥ Geiger 通过实验发现，pH 的微小变化，对颜色强度都有明显影响，并指出，加入纳氏试剂后，pH 低于 12，将不产生颜色反应。Massmann 进一步指出，加入纳氏试剂后，最后溶液显色的 pH 应在 11.8～12.4 之间，pH 低于 11.8 不能发色，高于 12.4 纳氏试剂会浑浊。

故此，日本"JIS 标准"要求在 pH 计上调节 pH 值。保持 pH 在合理的范围不容易做到。就笔者所见，在进行大量水样的分析时，有操作者以 2～3mL 水样，试着加入低浓度 NaOH 溶液，以是否产生沉淀来判断 pH。即用吸管向水样中加入 NaOH 溶液，只要生成沉淀，再按比例向所取整个水样中加入 NaOH 溶液。实际上当出现了大量沉淀时，pH 已远远超过了 12.4，纳氏试剂本身产生了浑浊沉淀！

以上所述是常用的纳氏试剂分光光度法分析监测时，所要注意的条件（除了使用容器）。把纳氏试剂分光光度法掌握好，分析结果可靠，才能评估气相分子吸收光谱法的分析结果。

6.8.2　TN 的测定

就紫外分光光度法而言，TN 的测定条件是比较苛刻的，比较难于掌握。笔者认为要想得到精确的分析结果，必须认真掌握和控制好以下操作条件。

6.8.2.1　水样的消解

无论是气相分子吸收光谱法还是紫外分光光度法测定 TN，水样的消解都是一个关键的、技术要求较高的问题。同样是经过消解的水样，往往两种方法的测定结果相差很大。这是因为各自方法影响因素不同。就气相分子吸收光谱法而言，测定消解液中的 NO_3^- 干扰因素相对较少，考虑到水样消解氧化后，多价态的阳离子成为高价，如 Fe^{3+}、Cr^{6+}、Mn^{7+} 等离子，会消耗 $TiCl_3$ 还原剂。因此，在足够的酸度下，只要保证 $TiCl_3$ 还原剂的用量，排出的废液颜色为紫红色，NO_3^- 完全分解成 NO，就能得到可靠的分析结果。

测定 TN 的水样消解，一般是在 25mL 比色管中加入水样 10mL，使氮含量范围在 1～50μg，超出 0.05mg，必须稀释，以避免高浓度 NH_4^+ 在 $K_2S_2O_8$ 碱性消解液中挥发成 NH_3 而损失。

比色管必须密塞，瓶塞必须用纱布及纱绳紧紧裹住，不得崩漏；使用空白值极低的，带螺旋盖子的聚乙烯塑料瓶（如前述测定 NH_3-N 的离心管）消解，可避免玻璃管的腐蚀甚至破碎。

消解时间一到，及时缓慢放气，开盖后立即将比色管溶液趁热混匀，促使 $K_2S_2O_8$ 将可能挥发在比色管上部的 NH_3 重新氧化成硝酸盐。

消解水样前，将水样调成 pH 约为 7，加入 $K_2S_2O_8$ 氧化剂，于 120℃ 高温、高压下，消解一定时间，使无机和绝大部分有机氮化物变成硝酸根离子。

$K_2S_2O_8$ 的氧化反应如下：

$$S_2O_8^{2-} = 2SO_4^{2-} + 2e^-$$

0.5mol/L $K_2S_2O_8$ 的氧化量不多（即 135.2mg $K_2S_2O_8$ 相当于 8mg 氧），而且，其中一部分按下式与水反应，通过所谓自分解而被消耗。

$$S_2O_8^{2-} + H_2O = 2SO_4^{2-} + 2H^+ + \frac{1}{2}O_2$$

此外，还有氮化物以外的可被氧化的物质发生反应，所以，$K_2S_2O_8$ 的反应量并不是全部都用于水样中氮化物的氧化分解。因此，必须注意，水样中存在大量氮化物以外的有机物时，往往因为氮化物分解成硝酸盐进行得不完全而导致总氮分析结果偏低。表 6-5 列出了各种氮化合物的氧化率。

表 6-5 各种氮化合物的氧化回收率

序号	名称	分子式或结构式	回收率/%
1	硝酸钾	KNO_3	100.1
2	亚硝酸钠	$NaNO_2$	100.0
3	氯化铵	NH_4Cl	99.7
4	盐酸羟胺	$(NH_3OH)Cl$	99.7
5	硫酸联胺	$N_2H_6SO_4$	0.1

序号	名称	分子式或结构式	回收率/%
6	酰胺硫酸	HSO_3NH_2	98.8
7	氰酸钾	KCNO	94.2
8	尿素	$(NH_2)_2CO$	100.0
9	N-乙酰氨基乙酸	$CH_3CONHCH_2COOH$	99.4
10	氨基乙酸	H_2NCH_2COOH	92.9
11	苯酰胺乙酸	$C_6H_5CONHCH_2COOH$	96.2
12	α-丙氨酸	$CH_3CH(NH_2)COOH$	97.7
13	胱氨酸	$SCH_2CH(NH_2)COOH$ | $SCH_2CH(NH_2)COOH$	100.0
14	谷氨酸钠	$HOOCCH(NH_2)CH_2CH_2COONa$	99.6
15	丁胺	$CH_3CH_2CH_2CH_2NH_2$	96.1
16	碳酸胍	$[HN{=}C(NH_2)_2]_2H_2CO_3$	58.2
17	EDTA 二钠盐	—	99.1
18	苯胺	$C_6H_5NH_2$	87.4
19	乙酰苯胺	$C_6H_5NHCOCH_3$	99.3
20	对氨基安息香酸	$C_6H_4(NH_2)COOH$	87.5
21	邻氨基安息香酸	$C_6H_4(NH_2)COOH$	91.5
22	对氨基苯酰氨乙酸	$C_6H_4(NH_2)CONHCH_2COOH$	95.3
23	盐酸联苯胺	$H_2NC_6H_5{-}C_6H_5NH_2 \cdot 2HCl$	54.5
24	对硝基酚	$C_6H_4(OH)NO_2$	99.6
25	三硝基苯酚（苦味酸）	$C_6H_2(OH)(NO_2)_3$	99.9
26	吡咯		100.6
27	吡咯烷		99.1
28	六亚甲基四胺		83.2
29	吡唑		99.5
30	肌酸酐		67.9

序号	名称	分子式或结构式	回收率/%
31	甲基橙		33.6
32	苯并三唑		34.7
33	吡啶-3 甲酸（烟酸）		98.6
34	喹啉		96.3
35	8-羟基喹啉		97.9
36	2,2-联吡啶		95.5
37	咖啡因		88.0
38	奎宁盐酸盐	$C_7H_{13}N \cdot HCl$	99.8
39	马钱子碱	$C_{21}H_{22}N_2O_2$	95.8
40	安替比林		45.7

在其氮化物中，亚硝酸盐、铵盐、酰胺化合物、硝基化合物、氨基酸、吡啶类等分解率（氮的回收率）都在 90%以上；而吡唑啉酮类、偶氮化合物、肼类等分解率很低；胼类由于分解的形态不同，而不产生 NO_3^-，因此，不被包含在测定结果中。

水样消解前要注意水样的酸碱度，酸性水样要用 1mol/L NaOH 中和到 pH 约为 7；pH 大于 7 的碱性水样，要用 1mol/L H_2SO_4 中和。$K_2S_2O_8$ 氧化分解氮化合物是在偏弱碱性溶液中生成 NO_3^-。实际的 NaOH 浓度应在 0.2mol/L（每 50mL 水样加 0.4g NaOH）。

消解水样溶液为酸性时，有 Cl⁻共存。在消解过程中，由于产生 Cl_2 的同时伴随副反应，会损失一部分氮。同时 $K_2S_2O_8$ 的分解又会使溶液的 pH 降低，因此，必须加足够量的 NaOH，否则即会生成 Cl_2。

（1）消解水样的用水

TN 的消解以及紫外分光光度法的测定，自始至终都要使用同一瓶无氨水或用 Milli-Q 纯水装置精制的电导率≤0.5μS/cm 的同一种水。有分析者使用娃哈哈纯净水，得到了更低的空白和稳定的分析结果。

（2）器皿的洗涤

测定 TN，消解水样的试管清洗得是否干净，对空白有很大的影响。一般认为，去污粉显碱性，很容易洗掉器皿上的油污，可使洗涤的器皿表面光滑，里外不挂水珠，再用无氨水冲洗几次，即清洗干净。但是有人做过试验，用去污粉洗过的器皿再用酸（1∶9）浸泡，相比于只用去污粉洗涤，空白的吸光度可再降低约 60%，结果见表 6-6。

表 6-6　洗涤方法降低空白的效果

试验次数	1	2	3
只用去污粉洗涤	0.045	0.058	0.053
去污粉洗涤+盐酸浸泡	0.022	0.021	0.017

（3）$K_2S_2O_8$ 的试剂要求

要用纯度高的或重结晶而精制的 $K_2S_2O_8$，以使 TN 空白样的吸光度≤0.03。根据生产厂家不同，纯度高的 $K_2S_2O_8$ 可使 TN 的空白吸光度低至 0.03，纯度低的 $K_2S_2O_8$ 会使 TN 空白的吸光度高到 1.225 左右。表 6-7 列出了不同厂家生产的 $K_2S_2O_8$ 含氮量的空白吸光度。

表 6-7　测得不同厂家 $K_2S_2O_8$ 的空白吸光度

生产厂家	空白吸光度（1）	空白吸光度（2）	3.38①
甲	0.056	0.057	3.26
乙	0.056	0.143	2.52
丙	0.141	0.969	未检出
丁	0.988	1.279	未检出

① 3.38 为标样值，mg/L。

国产不同厂家的 $K_2S_2O_8$ 空白相差很大。最好的空白低至 0.056，还达不到空白值 0.03 的进口或精制后的 $K_2S_2O_8$ 纯度。因此用国产的 $K_2S_2O_8$ 必须要精制，否则可用进口的。

$K_2S_2O_8$ 本身在 220nm 有很强的吸收（表 6-8），这是造成 TN 空白高的一个重要因素。因而消解水样时要将消解时间延长至 50min，以便使消解剩余的 $K_2S_2O_8$ 完全分解破坏，不产生吸收。否则，剩余的 $K_2S_2O_8$ 特别是空白样的 $K_2S_2O_8$ 会使整批水样测定结果偏低。

表6-8　不同浓度 $K_2S_2O_8$ 在 220nm 测定的吸光度

$K_2S_2O_8$ 浓度/(mg/L)	200	400	800	1600
吸光度	0.226	0.365	0.633	1.143

（4）碱性 $K_2S_2O_8$ 的配制

a. 先配制 NaOH 溶液，冷却至室温后，放入 55～60℃的水浴中加热保温。在水浴温度不超过 60℃时，加入 $K_2S_2O_8$ 溶解。避免水温超过 60℃，$K_2S_2O_8$ 分解成 $KHSO_4$ 和活性氧而降低氧化力。

b. 分别配制 NaOH 和 $K_2S_2O_8$ 溶液，待 NaOH 溶液冷却至室温，将二者按比例混合。$K_2S_2O_8$ 溶解很慢，可在 60℃水浴中加热溶解。

a、b 两法最好在 NaOH 溶解后，将其煮沸片刻，以驱除氮化物，降低空白。

（5）不同温度配制 $K_2S_2O_8$ 的氧化效果

$K_2S_2O_8$ 溶解速度较慢，配制时，宜采用边加热边搅拌促其快速溶解。溶解后快速冷至室温待用。有分析者将不同温度下配制 $K_2S_2O_8$ 对含量不同的三种水样进行了氧化效果试验，结果如表 6-9。

表6-9　不同温度下 $K_2S_2O_8$ 的氧化效果

温度/℃	水样1TN 含量/(mg/L)	水样2 TN 含量/(mg/L)	水样3 TN 含量/(mg/L)
30	1.09	3.27	6.61
50	1.10	3.31	6.65
60	1.12	3.39	6.74
70	1.03	3.21	6.53
80	1.10	3.23	6.50

表中可见，在 30～80℃范围内配制的 $K_2S_2O_8$，对 TN 含量不同的三种水样进行氧化试验，氧化效率差别不是很大。似乎在 50～60℃配制的 $K_2S_2O_8$ 氧化效果较好。为避免 $K_2S_2O_8$ 的过多分解而降低 TN 的氧化效率，如前所述，配制 $K_2S_2O_8$ 时不要超过 60℃。

（6）TN 的消解时间

表 6-10 说明，水样消解时间在 50min 时，TN 生成硝酸盐最完全，同时又破坏了剩余的 $K_2S_2O_8$，降低或消除了其空白的影响。因而多数分析者认为消解时间应确定为 50min。

表 6-10　水样消解时间的影响

TN 含量/(mg/L)	30min	40min	45min	50min
1.13±0.05	1.09	1.14	1.12	1.17
3.38±0.05	3.19	3.35	3.30	3.32
6.73±0.40	6.63	6.77	6.75	6.73

（7）$K_2S_2O_8$ 的提纯

在温度 50℃环境下，按照 $K_2S_2O_8$ 与无氨水的比例 1∶5 进行 $K_2S_2O_8$ 的溶解，少量地加入 $K_2S_2O_8$，直至完全不溶解并出现极少量的固体 $K_2S_2O_8$ 结晶。将溶液放入 0℃冰箱中，放置一定时间，待烧杯底部出现较多白色 $K_2S_2O_8$ 结晶体，用玻璃纤维滤纸过滤，留住结晶体。同法再结晶一次，结晶次数越多，$K_2S_2O_8$ 的纯度越高，有人最多结晶过 5 次。

表 6-11 说明，结晶提纯的 $K_2S_2O_8$ 空白显著降低，空白的测定值也较稳定，这会大大降低总氮的检出限，提高分析结果的准确度和精密度。

表 6-11　结晶与未结晶的 $K_2S_2O_8$ 纯度比较

项目	未结晶提纯					结晶提纯后				
吸光度	1.461	1.401	1.461	1.461	1.367	0.309	0.301	0.316	0.323	0.306
偏差	0.0392					0.0077				

6.8.2.2　消解水样的测定

测定 TN 的水样消解成 NO_3^- 后，一般是根据 NO_3^- 对紫外光具有吸收的特性，通过紫外分光光度法测定 NO_3^--N 的吸光度来定量 TN。具体方法是将消解液在 220nm 及 275nm 两个波长测定吸光度。

由于气相分子吸收光谱法与紫外分光光度法的测定原理、测定条件和干扰因素不同，同样是经过消解的水样，有时两种方法的测定结果往往相差很大。

就气相分子吸收光谱法而言，测定消解液中的 NO_3^- 干扰因素相对较少，考虑到水样消解氧化后，多价态的阳离子成为高价（如 Fe^{3+}、Cr^{6+}、Mn^{7+}等离子），会消耗还原剂，因此，在足够的酸度下，只要保证 TiCl₃ 还原剂的用量，排除废液的颜色为紫红色，NO_3^- 完全消解成 NO，就能得到可靠的分析结果。

比色测定时，220nm 及 275nm 波长的重复性对结果影响很大，有人在 220nm 波长做过实验，波长增加 1nm 时，吸光度会降低 0.039，反之就会增加。因而测定标准或水样时，不要反复在 220nm 与 275nm 波长之间来回测定吸光度，以免波长的重复误差影响吸光度的测定值。要将所要测定吸光度的空白、标准液和水样在同一个波长上测定完了，再在另一波长测定。还有人建议使用波长准确度高和重复性好的分光光度计或双光束分光光度计，例如岛津的 UV-1700 或 UV-2401 双光束分光光度计，可以消除波长重复性对吸光度的影响。

$K_2S_2O_8$ 在 220nm 波长也有吸收，这在水样和空白样消解时，因某种原因，消解液中剩余的 $K_2S_2O_8$ 就会使测定结果受到影响，尤其是空白样中剩余的 $K_2S_2O_8$ 会比较高，在 220nm 产生的高空白将使总氮测定结果偏低。

消解的水样经常会有浑浊沉积物，也影响分析结果。加酸溶解后，肉眼看起来是清亮的，实际上仍有极细颗粒影响测定结果。有人将溶解后的溶液经过离心分离后，取其上清液，在 275nm 波长测定吸光度，离心分离前、后结果大不相同，离心分离效果见表 6-12。

表 6-12 离心分离与未离心分离的 TN 测定结果 单位：mg/L

项目	1	2	3	4	5
未离心分离	13.1	9.6	10.6	2.2	5.4
离心分离后	17.2	14.5	15.6	11.0	11.6

气相分子吸收光谱法将消解水样在较强 HCl 介质中，用 TiCl₃ 还原分解 NO_3^- 生成 NO，再转入气相测定。沉淀浑浊物不影响测定，不需要离心分离颗粒物，测定结果是比较准确的。

6.8.3 硫化物的测定

气相分子吸收光谱法测定硫化物，应该是测定硫化物的方法中较好的方法。由于方法简便、快速、准确、干扰少，既节能又环保而深受欢迎。但是，要使方法得到好的分析结果，必须掌握方法的关键。

6.8.3.1 硫化物标准使用液的配制

与亚甲基蓝分光光度法一样，配制标准溶液时，硫化物的挥发损失也是气相分子吸收光谱法的关键因素。早期的硫化物标准溶液是分析者用固体 Na₂S

配制和标定的。近年来，市场上有多家厂商供应浓度准确的硫化物标准溶液和标准样品。分析者只要拿来进行稀释即可用来绘制标准曲线。

硫化物标准溶液是封装在棕色安瓿瓶中的碱性 Na_2S 水溶液，是透明的，没有固定剂加以稳定。这使其保质期很短。

用这种未加固定剂的硫化物标准溶液配制标准使用液时，为避免 H_2S 的挥发损失，在配制标准溶液时，建议将市场上购买的安瓿瓶硫化物标准溶液放入冰箱的冷藏室降温约 30min。期间，在 1000mL 棕色容量瓶中，加入约 800mL 经过 0.1mol/L NaOH 调制成 pH=10～12 的去离子水，并加入 $Zn(Ac)_2$ 固定剂。然后从冰箱中取出安瓿瓶，打开后立即用干燥的胖肚移液管吸取标准溶液，边摇动容量瓶溶液，边将吸取的标准溶液滴入容量瓶中，再用碱性去离子水稀释至刻度，充分摇匀。该标准液常温下可以使用 6 个月。

这样配制的硫化物标准使用液，ZnS 沉淀的颗粒细小，易于摇匀，摇匀后的 ZnS 沉淀会均匀地悬浮在溶液中，悬浮时间长。无论是用刻度移液管或者是蠕动泵，吸取的标准溶液均更有代表性。

6.8.3.2　干扰及其消除

气相分子吸收光谱法测定硫化物，与亚甲基蓝分光光度法相比，干扰较少，绝大多数阳离子不干扰测定。阴离子的干扰在本书第 5 章 5.6.4.1 节已经阐述。本节要讨论的是 NO_2^- 对硫化物的干扰问题。《水和废水监测分析方法》（第四版）142 页中提到 NO_2^- 的干扰。实际上，NO_2^- 在酸性介质中很难分解成气体干扰测定。不能把 NO_2^- 看作是测定硫化物的干扰成分。NO_2^- 是具有氧化性的，相对来说，S^{2-} 具有还原性，它们二者是不能共存的。只有 NO_2^- 少于 S^{2-} 时，在水样中才可以测定出硫化物。

测定硫化物，在现场采集水样时要加入 $Zn(Ac)_2$ 固定剂，以免硫化物挥发成 H_2S 而损失。当 S^{2-} 生成了 ZnS 沉淀，不仅 NO_2^- 不能对其氧化，就是氧化性较强的 H_2O_2 也氧化不了。所以说测定硫化物，NO_2^- 不是干扰成分。

关于碘和溴的干扰，当水样存在 I^- 及 Br^-，加入 H_2O_2 氧化消除 SO_3^{2-}、$S_2O_3^{2-}$ 时，I^- 及 Br^- 会被氧化成能够产生吸收的挥发性单质 I_2 及 Br_2。I_2 的最大吸收波长在 530nm，Br_2 为 410nm，二者的吸收波长相距 H_2S 的 200nm 均较远，除非 I^- 及 Br^- 含量特别高时，会对硫化物的测定产生一定的影响。如遇含有 I^-、Br^- 以及 CNS^- 的水样，应采用 HJ/T 195—2005 标准法规定的方法测定（用碳酸锌絮凝 ZnS 沉淀，聚酯纤维滤膜过滤，收集 ZnS 沉淀于反应瓶，再酸化吹气）。

6.9 关于波长的选择

6.9.1 空心阴极灯及其波长选择

6.9.1.1 NO_2^--N 的测定

使用空心阴极灯光源,因为灯光是由金属元素发出的不可变的特征波长,它不一定是测定成分最大的吸收波长,但是我们可以根据本书附录 4 的谱线表,选用接近最大吸收的灯和波长。笔者 1986 年通过试验,用氘灯光源在各点波长测定了 1mg/L NO_2^--N 的吸光度,得到了图 5-12 的 NO_2 宽带吸收光谱。从谱图上可见,最大的吸收波长约为 217nm。按理说,该波长测定的吸光度应该是最高的,而与此相应的波长在谱线表中正好有铅(Pb)灯的 217.0nm,但遗憾的是该波长的发射线非常弱。设 5mA 灯电流时,达到 100%光能量,−HV 需要 700V,仪器基线极不稳定,不能进行实际测定。而设 10mA 灯电流时,−HV 在 235V,仪器基线稳定,但由于灯电流较大,使灯的发射线产生了一定的自吸变宽,测定的吸光度并没有像图 5-12 那样的最大吸收。由此可见,Pb 灯的 217nm 波长不适合进行 NO_2^--N 的测定。

笔者根据早年用氘灯扫描的 NO_2 宽带吸收光谱,测得在 Pb 灯的 220.4nm、Zn 灯的 213.9nm 和 Cd 灯的 214.4nm 波长测定的吸光度基本上是一样的(表 6-13)。由此看来,《水和废水监测分析方法》(第四版)及 HJ/T 195—2005 至 HJ/T 200—2005 的标准方法中,选用锌(Zn)空心阴极灯光源的 213.9nm 波长测定 NO_2^--N 是正确的。

表 6-13 空心阴极灯及其波长吸光度比较

空心阴极灯	波长/nm	灯电流/mA	倍增管−HV	吸光度	噪声
Zn 灯	213.9	5	225	0.1051	0.0001
Cd 灯	214.4	5	248	0.1049	0.0002
Pb 灯	217.0	10	235	0.1063	0.0003
Pb 灯	220.4	5	245	0.1056	0.0030

选用 Zn 空心阴极灯不仅可用 213.9nm 波长测定 NO_2^--N,而且还可以用该灯发射的 202.6nm 波长测定硫化物,一灯两用,避免了换灯和聚光的麻烦。

6.9.1.2 NO_3^--N 的测定

测定 NO_3^--N 生成的 NO,之前选用的吸收波长是镉(Cd)空心阴极灯的

214.4nm 波长，与本书前面提及的碲（Te）空心阴极发射线 214.3nm 波长仅相差 0.1nm。NO 吸收峰的半峰宽为 1.2nm 的窄带吸收，笔者试验判定了最大的吸收波长或者两波长的吸光度的差异，结果证明两波长的吸光度几乎无差异。

而最大的问题是 Te 灯的 214.3nm 波长发射光强度较弱，设定 10mA 灯电流，达到 100%光能量，要施加 268V 的负高压；10mA 灯电流使 Te 灯的 214.3nm 波长自吸变宽，吸光度降低。因而，还是使用比较便宜的 Cd 灯 214.4nm 波长为好。

表 6-14 列举了测定成分可使用的空心阴极灯光源及波长，使用者可根据具体情况进行选择。

表6-14　测定成分的光源灯及适用波长

序号	测定成分	元素灯	波长/nm	氘灯波长/nm	备注
1	NO_3^--N	Cd 灯	214.4	214.0	用 D_2 灯，不小于 214.3nm
2	NO_2^--N	Zn 灯	213.9	217.0	
3	NO_2^--N	Pb 灯	220.4	217.0	
4	NH_3-N	Zn 灯	213.9	217.0	
5	NH_3-N	Pb 灯	220.4	217.0	
6	凯氏氮	Zn 灯	213.9	217.0	
7	凯氏氮	Pb 灯	220.4	217.0	
8	TN	Cd 灯	214.4	214.3	用 D_2 灯，不小于 214.3nm
9	硫化物	Zn 灯	202.6	200.0	
10	亚硫酸盐	Zn 灯	202.6	200.0	
11	亚硫酸盐	Mg 灯	285.2	280.0	280nm 可避免 H_2S 的干扰
12	氰化物	Zn 灯	213.9	217.0	
13	氯化物	Cu 灯	324.7	325.0	
14	溴化物	W 灯	530.0	530.0	
15	碘化物	W 灯	410.0	410.0	

6.9.2　氘灯及其波长选择

目前，气相分子吸收光谱法测定成分使用氘灯发射的连续光谱，根据测定成分，可方便地设定所需要的波长。使用氘灯光源，可参照表 6-14 设定最佳波长。

使用氘灯发射的连续光谱，虽然可以方便地选择所需要的波长，但在测定 NO_3^--N 及 TN 的窄带吸收光谱时，氘灯连续光的背景会使二者标准曲线严重弯曲,必须进行曲线校直。另外,氘灯不能发射特征波长,对单色器波长的准确性和重复性要求很高,如测定 NO_3^--N 及 TN 时,稍低于 214.3nm 就完全测不出二者的吸光度。

测定宽带吸收的 NO_2^--N、NH_3-N、凯氏氮及硫化物,用氘灯所设定的波长倒不必很准确,设定波长的误差也只是得到的吸光度稍有高低的不同而已。

6.10 关于反应介质的选择

气相分子吸收光谱法测定水样,需要使用较强的酸性反应介质,将测定成分分解挥发成气体分子,转入气相进行测定。

一直以来,为了方便,统一使用了单一的酸性反应介质。除了标准方法中规定使用柠檬酸介质测定 NO_2^--N 外,其它成分均使用浓度较高的 HCl 介质。HCl 性质活泼,介质的浓度易于配制。但其最大的问题是易挥发出腐蚀性强的氯化氢气体,伤害操作者的身体健康,腐蚀仪器的零部件。仪器使用时间长了,还会在吸光管内侧的石英玻璃窗上形成氯化氢酸雾,影响透光率。为此,笔者再三考虑,应该使用无腐蚀或腐蚀性弱的 H_2SO_4、H_3PO_4 等酸代替 HCl。下面让我们讨论不使用 HCl 的可行性。

6.10.1 NO_2^--N 的测定

测定 NO_2^--N 的反应介质用柠檬酸、HCl、H_2SO_4、H_3PO_4 都是可以的。在这 4 种酸性介质中,柠檬酸介质中 NO_2^--N 的测定值略低一些,见表 5-1。《水和废水监测分析方法》(第四版)及 HJ/T 197—2005 标准法中均提倡使用柠檬酸。

柠檬酸是对人体无害的有机酸,它还具有络合性,能络合消除一定含量的 SO_3^{2-}、$S_2O_3^{2-}$ 的干扰。此外,草酸、酒石酸、水杨酸、抗坏血酸等也是可以采用的,有意者可以试验。

6.10.2 NO_3^--N 及 TN 的测定

除了 HCl 反应介质,H_2SO_4 也是可用的。可在 H_2SO_4 介质中,用 $TiCl_3$ [也可用 $Ti_2(SO_4)_3$] 还原剂进行测定。H_2SO_4 的酸性虽然也很强,但无挥发性,不易腐蚀仪器,只要不与皮肤接触就不会伤害身体。

湛江海洋与渔业环境监测站吴卓智先生曾经试验过将浓 H_2SO_4 直接加入水样中，利用其反应发热，保持 $TiCl_3$ 的还原温度，达到了一定的效果。以此为鉴，在 H_2SO_4 介质中，用 $TiCl_3$ 或 $Ti_2(SO_4)_3$ 还原 NO_3^-，测定 NO_3^--N 及 TN 是可行的。

6.10.3 NH_3-N 的测定

方法中，除了配制 NaBrO 氧化剂用到 6mol/L HCl 外，其余所用的 HCl 可用 H_2SO_4 代替。

6.10.4 凯氏氮的测定

水样消解成 NH_3-N，其后的操作与 NH_3-N 的测定相同。按照 6.10.3 将 NH_3-N 氧化成 NO_2^--N 后，用 H_2SO_4 介质代替挥发性的 HCl 测定吸光度，不是问题。

6.10.5 硫化物的测定

原先的硫化物标样是由辽宁省环境检测中心研制的，用气相分子吸收光谱法测定时，硫化物原本是在 H_3PO_4 介质中测定的，《水和废水监测分析方法》（第四版）及 HJ/T 200—2005 标准中有所涉及。但在 H_3PO_4 介质中，因不能瞬间生成 H_2S 而致测定的标样值偏低。后来硫化物标样的测定改用 HCl 介质。

当时的硫化物标样溶液外观无色透明，打开安瓿瓶没有明显的 H_2S 臭鸡蛋味放出，故而不是简单的 Na_2S 溶液，推测是一种不挥发的有机硫化物。用 H_3PO_4 介质测定，加酸后需要较长的反应时间。在夏季反应时间约 2min，冬季要 3~5min。为了提高反应速度，使硫化物瞬间分解出 H_2S，故采用了 HCl 介质。

现在，由国家标准物质中心及其它相关单位研制的硫化物标样均是碱性的 Na_2S 标准溶液，在 H_3PO_4 介质中能够瞬间分解出 H_2S。因此就没有必要再使用挥发性和腐蚀性强的 HCl 介质了。

附录 1

实际水样测定的精密度与准确度

1.1 精密度（n=6 重复性）

1.1.1 NO$_2^-$-N

样品含量范围：0.056～0.407mg/L，6 个实验室重复测定各水样值的相对标准偏差在 2.3%～4.6%之间，见附表 1-1。

附表 1-1 NO$_2^-$-N 测定的精密度

测定次数及项目	苏州市中心站	上海宝山区站	张家港市站	辽宁庄河市站	宝钢环境监测站	杭州淳安县站
1	0.104	0.18	0.206	0.092	0.407	0.056
2	0.104	0.17	0.220	0.089	0.384	0.059
3	0.093	0.18	0.212	0.094	0.402	0.059
4	0.096	0.17	0.208	0.093	0.394	0.057
5	0.100	0.18	0.217	0.089	0.386	0.059
6	0.096	0.17	0.206	0.090	0.405	0.059
$\bar{X}$	0.099	0.18	0.212	0.091	0.396	0.058
S	0.0046	0.0054	0.0059	0.0021	0.0098	0.0013
CV/%	4.6	3.1	2.8	2.4	2.5	2.3

1.1.2 NO$_3^-$-N

样品含量范围：0.27～1.52mg/L，6 个实验室重复测定的相对标准偏差在

1.7%～3.2%之间，见附表1-2。

附表1-2　NO$_3^-$-N 测定值的精密度

测定次数及项目	苏州市中心站	上海宝山区站	张家港市站	辽宁庄河市站	宝钢环境监测站	杭州淳安县站
1	0.288	1.42	1.39	1.10	1.47	0.498
2	0.270	1.38	1.37	1.14	1.51	0.514
3	0.275	1.44	1.42	1.09	1.52	0.494
4	0.292	1.42	1.41	1.12	1.45	0.530
5	0.279	1.38	138	1.06	1.47	0.530
6	0.288	1.42	1.36	1.14	1.48	0.498
$\bar{X}$	0.282	1.41	1.39	1.11	1.48	0.511
S	0.0086	0.024	0.023	0.0309	0.027	0.0165
CV/%	3.0	1.7	1.7	2.8	1.8	3.2

1.1.3　NH₃-N

样品含量范围：0.648～2.36mg/L，6 个实验室重复测定的相对标准偏差在1.4%～2.7%之间，见附表1-3。

附表1-3　测定的 NH₃-N 精密度

测定次数及项目	苏州市中心站	上海宝山区站	张家港市站	辽宁庄河市站	宝钢环境监测站	杭州淳安县站
1	0.85	2.23	0.685	2.32	0.967	1.25
2	0.86	2.17	0.652	2.26	0.971	1.23
3	0.88	2.23	0.682	2.36	0.934	1.25
4	0.86	2.18	0.693	2.30	0.938	1.26
5	0.85	2.17	0.648	2.26	0.967	1.22
6	0.85	2.24	0.672	2.34	0.946	1.24
$\bar{X}$	0.86	2.20	0.672	2.31	0.953	1.24
S	0.0117	0.033	0.0184	0.0413	0.017	0.018
CV/%	1.4	1.5	2.7	1.8	1.8	1.4

1.1.4　硫化物

样品含量范围：2.38～7.85mg/L，6 个实验室重复测定的相对标准偏差在1.4%～3.3%之间，见附表1-4。

附表1-4　硫化物测定的精密度

测定次数及项目	苏州市中心站	上海宝山区站	张家港市站	辽宁庄河市站	宝钢环境监测站	杭州淳安县站
1	7.64	2.60	2.46	2.42	3.94	2.45
2	7.42	2.53	2.42	2.50	3.79	2.49
3	7.13	2.61	2.38	2.40	3.85	2.55
4	7.70	2.60	2.46	2.48	3.94	2.48
5	7.85	2.54	2.39	2.43	3.96	2.55
6	7.47	2.61	2.44	2.39	3.80	2.44
$\bar{X}$	7.53	2.58	2.42	2.44	3.88	2.49
S	0.248	0.037	0.034	0.042	0.076	0.047
CV/%	3.3	1.5	1.4	1.8	2.0	1.4

1.2　准确度（实际样品加标回收率）

1.2.1　NO_2^--N

样品含量范围 0.152～2.23μg，加标量 0.182～2.00μg。6 个实验室加标回收率在 93.0%～106% 之间，见附表 1-5。

附表1-5　NO_2^--N 加标回收率

监测站名称	水样含量/μg	加标量/μg	回收量/μg	回收率/%
苏州市监测中心	2.20	2.00	1.91	96.0
	0.85	1.00	0.99	99.0
	0.84	1.00	0.93	93.0
上海市宝山区站	0.83	1.00	1.04	104
	0.54	1.00	1.06	106
	0.09	1.00	0.99	99.0
张家港市站	0.466	0.50	0.479	95.8
	0.186	0.50	0.465	93.0
	0.291	0.50	0.479	95.8
辽宁庄河市站	1.30	2.00	1.98	99.0
	2.23	2.00	1.97	98.7
	0.03	2.00	2.09	105

监测站名称	水样含量/μg	加标量/μg	回收量/μg	回收率/%
宝钢监测站	1.580	2.00	1.92	96.0
	0.206	0.20	0.20	100
	1.710	2.00	1.95	97.5
杭州淳安县站	0.1630	0.182	0.1888	104
	0.4889	0.182	0.1815	100
	0.1519	0.182	0.1777	98.0

1.2.2 $NO_3^- - N$

样品含量范围 $0.763 \sim 11.75\mu g$，加标量 $0.83 \sim 10.00\mu g$。6 个实验室加标回收率在 $93.0\% \sim 106\%$ 之间，见附表 1-6。

附表 1-6 $NO_3^- - N$ 加标回收率

监测站名称	水样含量/μg	加标量/μg	回收量/μg	回收率/%
苏州市监测中心	2.20	2.00	1.91	96.0
	0.85	1.00	0.99	99.0
	0.84	1.00	0.93	93.0
上海市宝山区站	0.83	1.00	1.04	104
	0.54	1.00	1.06	106
	0.09	1.00	0.99	99.0
张家港市站	0.466	0.50	0.479	95.8
	0.186	0.50	0.465	93.0
	0.291	0.50	0.479	95.8
辽宁庄河市站	1.30	2.00	1.98	99.0
	2.23	2.00	1.97	98.7
	0.03	2.00	2.09	105
宝钢监测站	1.580	2.00	1.92	96.0
	0.206	0.20	0.20	100
	1.710	2.00	1.95	97.5
杭州淳安县站	0.1630	0.182	0.1888	104
	0.4889	0.182	0.1815	100
	0.1519	0.182	0.1777	98.0

1.2.3　NH₃-N

样品含量范围 0.14～3.88μg，加标量为 0.1～2.0μg。6 个实验室加标回收率在 93.0%～105% 之间，见附表 1-7。

附表 1-7　NH₃-N 加标回收率

监测站名称	水样含量/μg	加标量/μg	回收量/μg	回收率/%
苏州市监测中心	0.857	0.50	0.517	103
	0.606	0.50	0.507	101
	0.359	0.50	0.504	101
上海市宝山区站	2.13	2.00	2.02	101
	0.54	2.00	1.99	99.5
	2.64	2.00	2.08	104
张家港市站	0.246	0.50	0.481	96.2
	0.217	0.50	0.505	101
	0.607	0.50	0.525	105
辽宁庄河市站	2.463	0.56	0.54	96.4
	0.314	0.56	0.53	95.0
	3.833	0.56	0.55	98.2
宝钢监测站	0.140	0.10	0.098	98.0
	0.226	0.10	0.101	101
	0.420	0.10	0.093	93.0
杭州淳安县站	0.0615	0.212	0.2083	98.0
	0.8537	0.212	0.2015	95.0
	0.6079	0.212	0.2117	100

1.2.4　硫化物

样品含量范围 0.24～12.87μg，加标量 0.5～10.00μg。6 个实验室加标回收率在 92.0%～104% 之间，见附表 1-8。

附表 1-8　硫化物加标回收率

监测站名称	水样含量/μg	加标量/μg	回收量/μg	回收率/%
苏州市监测中心	15.1	10.0	9.70	97.0
	4.49	5.00	4.76	95.0
	3.54	5.00	4.58	92.0

监测站名称	水样含量/ μg	加标量/ μg	回收量/ μg	回收率/%
上海市宝山区站	12.87	10.0	10.1	101
	5.98	10.0	9.78	97.8
	8.85	10.0	10.3	103
张家港市站	0.466	0.50	0.48	95.9
	0.186	0.50	0.47	94.0
	0.291	0.50	0.48	95.9
辽宁庄河市站	0.24	0.50	0.51	102
	0.40	0.50	0.49	98.4
	1.45	0.50	0.51	102
宝钢监测站	5.88	10.0	10.3	103
	1.97	1.00	1.01	101
	0.63	1.00	0.95	95.0
杭州淳安县站	0.491	1.023	0.97	95.0
	0.409	1.023	0.96	94.0
	1.535	1.023	1.06	104

附录 2

气相分子吸收光谱法相关器皿的洗涤

洁净的器皿是分析者得到正确监测结果的条件之一，因此器皿的洗涤是实验前的一项重要准备工作。洗涤的方法根据实验目的、器皿种类、所盛放的物品以及洗涤剂的种类和污染程度等的不同而不同。

对于新购置的玻璃器皿，因其表面附有较多游离碱，应在 2% 的盐酸溶液中浸泡数小时，用水清洗干净再使用。

使用过的玻璃试管、烧杯、烧瓶等可用毛刷或海绵沾上洗衣粉或去污粉等洗刷，热的肥皂水也可以去污。

笔者认为，洗涤玻璃器皿日常最方便且好用的是碱性去污粉。用猪鬃毛刷或海绵取潮湿的去污粉，轻轻地直接擦洗玻璃器皿，里外全部擦洗后，用自来水冲洗干净，此时器皿里外会不挂水珠，再用去离子水或纯净水很容易清洗干净，一般冲洗 2~3 次即可。

去污粉易于洗涤烧杯等较大的玻璃器皿。带刻度的可定容的量筒、量杯、滴定管等不可用去污粉洗刷，应改用摩擦力小的洗衣粉或表面活性剂洗涤。

聚乙烯、聚氯乙烯、聚四氟乙烯等器皿也可用同样的方法清洗，但要注意塑料制品易被硬物划伤以及对有机物溶剂敏感。对于不能使用毛刷洗涤或不易洗涤干净的器皿，可用清洗液进行化学反应清洗。

① NaOH+H_2O_2 洗液：配制 5% 的 NaOH 溶液，加入 5% 的 H_2O_2。此洗液专门用来清洗气相分子吸收光谱法测定 NO_3^--N 和总氮时，容器上沾污的灰白或紫红色的高价钛盐，清洗时用热溶液或将器皿浸泡加热煮沸，都可快速洗涤干净。

② HCl+H_2O_2 洗液：配制 1:1 的 HCl，加入 5% 的 H_2O_2，可以用来洗涤金

属离子污染的器皿。

③ HNO₃ 洗液：测定 $NO_3^- -N$ 使用的柠檬酸或草酸等试剂，时间放久了，尤其是在夏季，溶液会霉变浑浊，器皿上或会生长绿霉，用适当浓度的 HNO₃ 浸泡氧化，可使霉斑消除。

④ KMnO₄ 碱性洗液：少量 KMnO₄ 溶于 10%～20%的 NaOH 溶液中。适于洗涤带油污的玻璃器皿，但残留的 MnO_2 沉淀需用 HCl 或 HCl 加 H_2O_2 洗去。

⑤ HCl+乙醇洗液：一份 HCl 和两份无水乙醇的混合物，可以洗涤被有机试剂染色的器皿。

附录 **3**

常用酸、氨水的密度和浓度

名称	化学式	分子量	密度/(g/cm³)	含量/%	近似浓度/(mol/L)
盐酸	HCl	36.46	1.18~1.19	36~38	12
硝酸	HNO_3	63.02	1.40~1.42	67~72	15~16
硫酸	H_2SO_4	98.08	1.83~1.84	95~98	18
磷酸	H_3PO_4	98.00	1.69	不低于85	15
高氯酸	$HClO_4$	100.47	1.68	70~72	12
冰乙酸	CH_3COOH	60.05	1.05	不低于99	17
甲酸	HCOOH	46.03	1.22	不低于88	23
氢溴酸	HBr	80.91	1.38	不低于40	6.8
氢氟酸	HF	20.01	1.15	不低于40	23
氨水	$NH_3 \cdot H_2O$	35.05	0.90	25~28（NH_3）	14

附录 4

气相分子吸收光谱法相关空心阴极灯的谱线表

1 锌（Zn）谱线

波长 /nm	强度		ICP 检出限 /(ng/mL)	谱线特性/%
	电弧	火花		
Ⅱ **202.551**	200	200	2.7	202.548nm
Ⅱ 206.191	100	100	3.9	206.200nm
Ⅰ **213.856**	500	500	1.2	电弧光源中 0.005 显线，DCP 检出限 0.007μg/mL，ICP 有机相检出限 0.020～0.05μg/g
Ⅰ 249.148	100	50		
Ⅱ 250.200	20	400W		
Ⅰ 251.850	150W	20		
Ⅱ 255.796	10	300		激光光源中 1.0 显线
Ⅰ 256.987	100H	5		
Ⅰ 258.249	300	40		
Ⅰ 260.586	200	50		
Ⅰ 260.864	300	100		
Ⅰ 267.053	200	4		电弧光源中 5.0 显线
Ⅰ 271.249	300	8		电弧光源中 3.0 显线
Ⅰ 277.087	300	25		电弧光源中 0.3 显线
Ⅰ 280.087	400	300	500	280.097nm，电弧中 0.3 显线
Ⅰ 301.835	125	40		电弧光源中 1.0 显线
Ⅰ 303.578	200	100		电弧光源中 0.3 显线
Ⅰ 307.206	200	125		电弧光源中 0.1 显线
Ⅰ 307.590	150	50	370	电弧光源中 0.1 显线

波长 /nm	强度		ICP 检出限 /(ng/mL)	谱线特性/%
	电弧	火花		
Ⅰ 328.233	500R	300	330	电弧光源中 0.03 显线,加罩电极浓缩 1×10^{-4} 显线,ICP 粉末进样 1×10^{-4} 显线
Ⅰ 330.259	800	300	150	电弧光源中 0.003 显线
Ⅰ 330.294	700R	300R	430	电弧光源中 0.003 显线
Ⅰ 334.502	800	300	91	电弧光源中 0.003 显线,极光光源中 0.3 显线,辉光光源检出限 0.0015,空心阴极灯光源 5×10^{-5} 显线,ICP 粉末进样 5×10^{-5} 显线
Ⅰ 334.557	500	100	500	电弧光源中 0.01 显线
Ⅰ 334.593	150	50		
Ⅰ 468.014	300W	200H	320	看谱镜用线
Ⅰ 472.016	400W	300H	290	看谱镜用线
Ⅰ 481.053	400W	300H	150	看谱镜用线
Ⅰ 636.235	1000W	500		看谱镜用线

2 镉(Cd)谱线

波长 /nm	强度		ICP 检出限 /(ng/mL)	谱线特性/%
	电弧	火花		
Ⅱ **214.438**	50	200R	1.7	DCP 检出限 0.007μg/mL
Ⅱ **226.502**	25d	300	3.3	
Ⅰ 228.802	1500R	300R	1.8	电弧光源中 0.001 显线加罩电极浓缩 1×10^{-5} 显线,辉光光源检出限 1×10^{-4},ICP 有机相检出限 0.05μg/g
Ⅰ 230.661	20	30	500	
Ⅱ 231.284	1	200	400	
Ⅰ 266.764	100	25		
Ⅰ 276.389	100h	50		
Ⅰ 283.691	200	80		电弧光源中 0.03 显线
Ⅰ 286.826	100	80		电弧光源中 1.0 显线
Ⅰ 288.077	200R	125		
Ⅰ 298.063	1000R	500		
Ⅰ 298.134	200R	[40]		
Ⅰ 313.317	200	300		电弧光源中 0.3 显线
Ⅰ 325.253	300	300		
Ⅰ 326.106	300	300	220	电弧光源中 0.001 显线原子法 1×10^{-4} 显线,加罩电极法浓缩 2×10^{-5} 显线
Ⅰ 340.365	800	500H	610	电弧光源中 0.1 显线,激光光源 3.0 显线,ICP 粉末进样 0.001 显线
Ⅰ 346.620	1000	500	290	电弧光源中 0.1 显线,激光光源中 1.0 显线

波长/nm	强度		ICP 检出限/(ng/mL)	谱线特性/%
	电弧	火花		
Ⅰ 346.766	800	400	730	电弧光源中 0.1 显线，激光光源中 1.0 显线
Ⅰ 361.051	1000	500	150	激光光源中 0.3 显线
Ⅰ 467.816	200W	200W		
Ⅰ 479.992	200W	300W	400	电弧光源中 0.1 显线
Ⅰ 508.582	1000WH	500		

3 铅（Pb）谱线

波长/nm	强度		ICP 检出限/(ng/mL)	谱线特性/%
	电弧	火花		
Ⅰ **216.999**	1000R	1000R	60	
Ⅱ 220.351	50W	5000R	28	220.351nm。辉光光源 0.006 显线，激光光源中 1.0 显线
224.689	30R	100R	220	224.689nm
239.379	2500	1000	320	ICP 粉末进样 0.001 显线电弧光源中 0.3 显线
239.958	35	12		电弧光源中 3.0 显线
240.195	50	40		电弧光源中 0.3 显线
241.174	75	15		电弧光源中 1.0 显线
244.619	150W	15		电弧光源中 0.3 显线
247.638	150WH	25	390	电弧光源中 1.0 显线
257.726	100W	40		电弧光源中 1.0 显线
261.418	200R	80	87	261.419nm。 电弧光源中 0.003 显线，ICP 粉末进样 7×10^{-4} 显线
366.317	300WH	40	260	366.316nm。电弧光源中 0.01 显线，ICP 粉末进样 1.5×10^{-4} 显线
269.753	15WH	5H		
280.200	250RH	100H	100	280.199nm。电弧光源中 0.003 显线
Ⅰ 283.307	500R	80R	95	283.306nm。电弧光源中 0.001 显线，ICP 粉末进样 2×10^{-5} 显线，辉光放电检出限 6×10^{-4}，空心阴极灯光源 1×10^{-5} 显线
287.332	100R	60	380	电弧光源中 0.01 显线，加罩电极浓缩法 3×10^{-5} 显线，电弧光源中 1.0 显线
322.054	50H	5		
Ⅰ 363.958	300	50H	380	
Ⅰ 368.347	300	50	230	368.348nm。激光光源中 0.3 显线
Ⅰ 405.782	2000R	300R	180	405.783nm。电弧光源中 <0.001 显线，激光光源中 0.3 显线，DCP 检出限 0.032μg/mL
416.805	20	10		看谱镜用线
500.543	10	4		看谱镜用线

4 碲（Te）谱线

波长 /nm	强度		ICP 检出限 /(ng/mL)	谱线特性/%
	电弧	火花		
199.418			320	
I 200.200	50	—	170	200.202nm
I 208.103	400	—	180	208.116nm
I 214.275	600	—	27	214.281nm
I 214.719	—	[150]	140	
I 225.548	—	[10]	740	
I 225.904	—	[10]	120	
I 226.555	—	[10]	770	
I 238.325	500	300	180	238.326nm。电弧光源中 0.1 显线
I 238.576	600	[300]	120	238.578nm。电弧光源中 0.03 显线，加罩电极浓缩法 $3×10^{-5}$ 显线，混合硫黄粉在脉冲光源中 0.003 显线，ICP 粉末进样 0.05 显线
I 253.070	—	[30]		电弧光源中 10 显线

5 镁（Mg）谱线

波长 /nm	强度		ICP 检出限 /(ng/mL)	谱线特性/%
	电弧	火花		
I 202.582	8h	—	15	
I 267.245	20	—		电弧光源中 3.0 显线
I 277.669	30	20		特征线，电弧光源中 0.01 显线，可用于测定铝合金中镁
277.829	25	20		特征线，电弧光源中 0.01 显线
277.983	40	50	33	电弧光源中 0.003 显线，特征线，可用于测定铝合金中镁
278.142	20	8		
I 278.297	15	15		特征线，电弧光源中 0.01 显线
II 279.079	40	80	20	电弧光源中 0.1 显线，激光光源中 0.01 显线，ICP 有机相检出限 0.02μg/g，用于测定锌合金中镁，为辉光光源用线
II 279.553	150	300	0.1	电弧光源中 <0.001 显线，ICP 有机相检出限 0.02μg/g 用于测定锌合金中镁
II 279.806	30	80	10	电弧光源中 0.1 显线
II 280.270	150	300	0.2	电弧光源中 <0.001 显线，ICP 粉末进样 $1×10^{-5}$ 显线用于测定锌合金、铁、矿、渣样中镁

波长 /nm	强度		ICP 检出限 /(ng/mL)	谱线特性/%
	电弧	火花		
Ⅰ **285.213**	300R	100R	1.1	电弧光源中 0.0003 显线,空心阴极灯光源中 1×10^{-4} 显线,ICP 粉末进样 1×10^{-5} 显线,辉光光源检出限 0.00012
Ⅰ 291.552	20	12		电弧光源中 0.3 显线
Ⅱ 292.875	25	100		激光光源中 0.1 显线,用于测定铝合金中高含量镁
Ⅱ 293.654	20	—	40	激光光源中 0.03 显线
Ⅰ 309.108	80	10		
Ⅰ 309.299	125	20		电弧光源中 0.1 显线
Ⅰ 309.690	150	25		电弧光源中 0.03 显线
Ⅰ 332.993	80	8		
Ⅰ 333.668	125	60		
Ⅰ 382.935	100W	150		
Ⅰ 383.231	250	200	28	用于测定铝合金中镁
Ⅰ 383.826	300	200	22	用于测定铝合金中镁
Ⅰ 516.734	100WH	50		用于看谱镜测定铝合金及铸铁中镁
Ⅰ 517.270	200WH	100WH		用于看谱镜测定铝合金及铸铁中镁
Ⅰ 518.362	500WH	300		用于看谱镜测定铝合金及铸铁中镁

6 铜（Cu）谱线

波长/nm	强度		ICP 检出限 /(ng/mL)	谱线特性/%
	电弧	火花		
Ⅱ 199.969			67	
Ⅱ 204.379	15	35	37	
Ⅱ 213.598	25	500W	8.0	
Ⅱ 217.894	30R	12	11	
Ⅱ 219.226	25	500R	11	
Ⅰ 219.958	50R	20	6.5	
Ⅰ 221.458	50R	5H	15	
Ⅱ 221.810	25	40	11	
Ⅰ 222.778	40R	25R	10	
Ⅰ 223.008	30R	20	8.7	
Ⅱ 224.700	30	500	5.1	
Ⅱ 236.989	20	30	42	激光光源中 0.3 显线
Ⅱ 261.837	500W	100	29	电弧光源中 0.1 显线
Ⅰ 270.096	20	400	63	
Ⅰ 282.437	1000	300	34	电弧光源中 0.03 显线,ICP 粉末进样测定范围 0.01～0.5

波长/nm	强度		ICP 检出限 /(ng/mL)	谱线特性/%
	电弧	火花		
I 296.117	350	300	79	
I 297.827	10	1H		电弧光源中 3.0 显线
I 301.084	250	30		电弧光源中 0.3 显线
I 310.861	20	5		电弧光源中 1.0 显线
I 320.823				
I 322.344				
I 323.118				
I 324.754	5000R	2000R	3.6	电弧光源 1×10^{-4} 显线，激光光源<0.01 显线，ICP 粉末进样 1×10^{-5} 显线，ICP 有机相检出限 0.02～0.1μg/g，ICP 检出限 0.002μg/mL
I 327.396	3000R	1500 R	6.5	
I 331.722	60	20		
I 331.968	60	20		
I 334.929	70	40		
I 345.033	150	30		
I 402.266	400	25		
I 406.270	500R	20		
I 510.554	500	—		看谱镜用线
I 515.324	600	—		看谱镜用线
I 521.820	700	—		看谱镜用线

7 钨（W）谱线

波长/nm	强度		ICP 检出限 /(ng/mL)	谱线特性/%
	电弧	火花		
II 200.807	12	25	47	
II 202.608	7	25	66	
II 202.998	10	30	50	
II 203.503	6	12	52	
II 205.468	9	20	50	
II 207.911	12	30	20	ICP 固体气溶胶引入检出
II 208.819	12	30	49	限 0.02
II 209.475	10	18	31	
II 209.860	10	20	41	
II 216.632	10	30	50	
II 218.935	5	5	31	218.936nm
II 220.448	12	30	41	
II 222.589	10	18	40	
II 224.875	20	25	29	

波长/nm	强度		ICP 检出限 /(ng/mL)	谱线特性/%
Ⅱ 232.609	10	15	51	
Ⅱ 239.709	18	30	37	电弧光源中 0.3 显线，激光光源中 1.0 显线，火花光源适合测定合金钢、高速工具钢中的钨
Ⅱ 240.526	10	15		
Ⅱ 240.569	15	8		
Ⅱ 240.675	3	—		电弧光源中 3.0 显线
Ⅱ 243.596	30	10		
Ⅱ 245.148	15	20	24	
248.144	25	3		
248.877	10	20		曾用于测定钴合金、耐热合金中的钨
Ⅱ 248.923	10	20	49	
Ⅱ 255.509	10	15	45	
Ⅱ 257.145	15	30		激光光源中 0.1 显线
Ⅱ 258.917	15D	25	68	
Ⅱ 262.522	15	7		电弧光源中 0.1 显线
Ⅱ 262.625	12	6		
Ⅱ 262.889	9	2H		电弧光源中 3.0 显线
Ⅱ 262.915	6	3		
Ⅰ 265.654	15	5		电弧光源中 0.01 显线
265.738	12	10		电弧光源中 0.05 显线
Ⅱ 265.804	10	20		电弧光源中 0.3 显线
272.435	20			电弧光源中 0.01 显线，原子法 0.003 显线
Ⅱ 276.427	20	60	71	
Ⅰ 282.923	151	10		电弧光源中 0.1 显线
Ⅰ 283.138	25	10		电弧光源中 0.01 显线
Ⅰ 286.606	15	10		电弧光源中 0.03 显线
287.137	10	8		加罩电极浓缩 0.01 显线
289.601	10	12		特征线电弧光源 0.03 显线
289.645	15	25		
Ⅰ 294.440	30	20		
Ⅰ 294.698	20	18		电弧光源中 0.003 显线加罩电极浓缩 0.0003 显线，ICP 粉末进样 1×10^{-4} 显线
Ⅱ 301.379	12	12		电弧光源中 0.001 显线
Ⅰ 400.875	45	45		电弧光源中 0.001 显线，曾用于多种合金钢中钨的测定
407.436	50	50		
Ⅰ 430.211	60	60		
465.987	200	70		看谱镜用线
484.383	50	12		看谱镜用线
505.330	60	10		505.330nm
505.461	25	3		505.461nm，能清楚地分辨开
551.470	50W	8		

参考文献

[1] Cresser M S, Isaacson P J. The analytical potential of gas-phase molecular absorption spectrometry for the determination of anions in solution[J]. Talanta, 1976, 23(11-12): 885-888.

[2] Syty A. Determination of sulfur dioxide by ultraviolet absorption spectrometry[J]. Analytical Chemistry, 1973, 45(9): 1744-1747.

[3] Nicholson G, Syty A. Determination of iodide and bromide by molecular absorption spectrophotometry following oxidation[J]. Analytical Chemistry, 1976, 48(11): 1481-1484.

[4] Syty A. Determination of sulfide by evolution of hydrogen sulfide and absorption spectrometry in the gas phase[J]. Analytical Chemistry, 1979, 51(7): 911-914.

[5] Syty A, Simmons R A. The determination of nitrite by ultraviolet absorption spectrometry in the gas phase[J]. Analytica Chimica Acta, 1980, 120: 163-170.

[6] Grieve S, Syty A. Determination of cyanide by conversion to ammonia and ultraviolet absorption spectrometry in the gas phase[J]. Analytical Chemistry, 1981, 53(11): 1711-1712.

[7] Cresser M S. Determination of nitrogen in solution by gas-phase molecular absorption spectrometry[J]. Analytica Chimica Acta, 1976, 85(2): 253-259.

[8] Saturday K A. Absorption cell with fiber optics for concentration measurements in a flowing gas stream[J]. Analytical Chemistry, 1983, 55(14): 2459-2460.

[9] Koga M, Hadeishi T, McLaughlin R D. Atomic line molecular analysis for multicomponent determinations in the gas phase[J]. Analytical Chemistry, 1985, 57(7): 1265-1268.

[10] Jones D G. Photodiode array detectors in UV-Vis spectroscopy: Part I[J]. Analytical Chemistry, 1985, 57(9): 1057A-1073A.

[11] Muroski C C, Syty A. Determination of the ammonium ion by evolution of ammonia and ultraviolet absorption spectrometry in the gas phase[J]. Analytical Chemistry, 1980, 52(1): 143-145.

[12] Vijan P N, Wood G R. Automated determination of ammonia by gas-phase molecular absorption[J]. Analytical Chemistry, 1981, 53(9): 1447-1450.

[13] 臧平安. 气相分子吸收光谱法测定亚硝酸根离子的研究[J]. 分析化学, 1991, 19(12): 1364-1366.

[14] 臧平安. 气相分子吸收光谱法测定硝酸根离子的研究[J]. 宝钢技术, 1995(3): 24.

[15] 臧平安. 气相分子吸收光谱法测定水中氨氮[J]. 宝钢技术, 1996(1): 49-52.

[16] 臧平安. 气相分子吸收光谱法测定水中硫化物[J]. 宝钢技术, 1997(4): 33-36.

[17] 吕男, 张寒奇, 周琼, 等. 硫化物的分子吸收法测定[J]. 吉林大学自然科学学报, 1988(1): 93-97.

[18] 余志鹤, 黄慧明. 石墨炉双原子分子吸收光谱法测定痕量溴的研究[J]. 分析化学, 1991, 19(2): 217-219.

[19] 金钦汉, 吕楠, 张寒奇, 等. 预富集气相分子吸收光谱法测定水中硫化物[J]. 分析化学学报, 1999, 15(5): 377-380.

[20] 余志鹤, 黄慧明. 双原子分子吸收光谱法测定痕量碘[J]. 化学世界, 1990(12): 554-557.

[21] 周科, 贺静. 改进测定氨氮分子吸收光谱法的研究[J]. 环境科学与技术, 2012, 35(3): 147-150.

[22] 杨娟娟, 王志全, 刘红慧. 气相分子吸收光谱法测定水中氨氮的研究[J]. 污染防治技术, 2017, 30(5): 65-67.

[23] 吴卓智, 莫怡玉, 等. 塑料管氧化气相分子吸收光谱法测定水中氨氮[J]. 环境监测与管理, 2008, 20(2): 37-40.

[24] 邝婉文. 气相分子吸收光谱法测定氨氮不确定度的评定[J]. 广东化工, 2017, 44(14): 241-242.

[25] 敬小兰. 气相分子吸收光谱法测定水中硫化物的实验研究[J]. 环境研究与检测, 2017, 30(3): 10-12.

[26] 陈寿春. 重要无机化学反应[M]. 2 版. 上海: 上海科学技术出版社, 1982: 915, 999, 1016, 1064.

[27] 余西龙, 杨乾锁, 姜乃波, 等. 利用吸收光谱法测量激波风洞自由流中一氧化氮的含量[J]. 流体力学实验与测量, 1999(4): 13.

[28] 《光谱学与光谱分析》编辑部. 光谱学与光谱分析常用谱线表[Z]. 1985: 18-20, 118-119, 142-144.

[29] 何以侃, 董慧茹. 分析化学手册[M]. 2 版. 北京: 化学工业出版社, 1998: 230-231.

[30] 李玉珍, 邓宏筠. 原子吸收分析应用手册[M]. 北京: 北京科学技术出版社, 1988: 13-18, 84-105.

[31] 李昌厚. 原子吸收分光光度计仪器及应用[M]. 北京: 科学出版社, 2006: 37-34, 94-96.

[32] 李昌厚. 紫外可见分光光度计仪器及应用[M]. 北京: 化学工业出版社, 2010: 33-34, 66-68.

[33] 邓勃. 原子吸收分光光度法[M]. 北京: 清华大学出版社, 1981: 202.

[34] 李玉珍, 宏筠. 原子吸收分析应用手册[M]. 北京: 北京科学技术出版社, 1988: 13-16, 85-87.

[35] J. E. 坎特尔. 原子吸收光谱分析[M]. 北京: 科学技术文献出版社, 1990: 31-35.

[36] 李永生, 承慰才. 流动注射分析[M]. 北京: 北京大学出版社, 1986: 6-12.

[37] 魏复盛. 水和废水监测分析方法[M]. 3 版. 北京: 中国环境科学出版社, 1989: 269-271, 354, 413.

[38] Nagashima K, Qian X X, Suzuki S. Second-derivative spectrophotometric determination of nitrite and nitrate at 10^{-8}M concentrations[J]. Analyst, 1986, 111(7): 771-775.

[39] 水和废水监测分析方法指南编委会. 水和废水监测分析方法指南: 上册[M]. 北京: 中国环境科学出版社, 1990: 138-139.

[40] 中华人民共和国环境保护部. 水质 - 氨氮的测定气相分子吸收光谱法: HJ/T 195—2005[S]. 北京: 中国环境科学出版社, 2006.

[41] 高凤鸣, 张淑华, 等. 用次溴酸钠氧化法测定海水中氨氮的研究[J]. 海洋湖沼通报, 1980(1): 41-46.

[42] 贾凤惠, 吕海燕, 陆嘉, 等. 铵盐标准溶液的研制[J]. 环境科学丛刊, 1984(2): 21-29.

[43] Truesdale V W. A modified spectrophotometric method for the determination of ammonia(and amino-acids) in natural waters, with particular reference to sea water[J]. Analyst, 1971, 96(145): 584-590.

[44] Geiger E. Über die kolorimetrische bestimmung des ammoniaks mit nessler-reagens[J]. Helvetica Chimica Acta, 1942, 25: 1453-1469.

[45] 魏复盛, 等. 水和废水监测分析方法指南: 中册[M]. 北京: 中国环境科学出版社, 1994: 290.

[46] Safavi A, Haghighi B. Flow injection analysis of sulphite by gas-phase molecular absorption UV/VIS spectrophotometry[J]. Talanta, 1997, 44(6): 1009-1016.

[47] Syty A. Determination of sulfide by evolution of hydrogen sulfide and absorption spectrometry in the gas phase[J]. Analytical Chemistry, 1979, 51(7): 911-914.

[48] 国家环境保护总局, 水和废水监测分析方法编委会. 水和废水监测分析方法[M]. 4 版. 北京: 中国环境科学出版社, 2002.

[49] 王联社, 周鹏, 郑迪梅, 等. 气态-紫外分光光度法测定水和废水中硫化物[J]. 分析化学, 1993, 21(4): 425-427.

[50] 奥谷忠雄. 硫化物的絮凝沉淀分离法[J]. 日本化学杂志, 1965, 86: 1149.

[51] Dittrich K, Townshend A. Analysis by emission, absorption, and fluorescence of small molecules in the visible and ultraviolet range in gaseous phase[J]. CRC Critical Reviews in Analytical Chemistry, 1986, 16(3): 223-279.

[52] Waldorf D M, Babb A L. Vapor-phase equilibrium of NO, NO$_2$, H$_2$O, and HNO$_2$[J]. The Journal of Chemical Physics, 1963, 39(2): 432-435.

[53] Grieve S, Syty A. Determination of cyanide by conversion to ammonia and ultraviolet absorption spectrometry in the gas phase[J]. Analytical Chemistry, 1981, 53(11): 1711-1712.

[54] 齐文启, 孙宗光, 边归国, 等. 环境监测新技术[M]. 北京: 化学工业出版社, 2003: 644-645.

[55] Garcia-Vargas M, Milla M, Peréz-Bustamante J A. Atomic-absorption spectroscopy as a tool for the determination of inorganic anions and organic compounds. A review[J]. Analyst, 1983, 108(1293): 1417-1449.

[56] 环境保护部. 水质-氨氮的测定 纳氏试剂分光光度法: HJ 535—2009[S]. 北京: 中国环境科学出版社, 2009.

[57] 马钦科. 元素的分光光度测定[M]. 郑用熙, 等译. 北京: 地质出版社, 1983: 334.

[58] 孙铁珩, 等. 水的分析(修订本)日本分析化学会北海道分会[M]. 北京: 中国建筑出版社, 1983: 235.

[59] 周科, 贺静. 改进测定氨氮分子吸收光谱法的研究[J]. 环境科学与技术, 2012, 35(3): 147-150.

[60] 刘燕, 申志林. 水质总氮空白实验的分析及改进措施[J]. 环境科学与技术, 2005(28): 46-48.

[61] 薛程, 吕晓杰, 王允, 等. 水中总氮测定方法存在的问题及改进[J]. 中国环境监测, 2016(3): 123-127.

[62] 赵黎清. 污染源水样检测中氨氮大于总氮的原因及其对策[J]. 质标·研究, 2014(3): 158-160.